（英）洛兰·法雷利 著
Lorraine Farrelly

# 建筑设计基础教程
# The Fundamentals of Architecture

第二版

肖彦 姜珉 译

大连理工大学出版社

The Fundamentals of Architecture 2nd edition
Published by AVA Publishing SA
Rue des Fontenailles 16,Case postale,
1000 Lausanne 6, Switzerland
Tel:+41 786 005 109 Email:enquiries@avabooks.com


ISBN 978-2-940411-75-7



Design by Gavin Ambrose

著作权合同登记06-2013年第237号



图书在版编目(CIP)数据

建筑设计基础教程 / (英) 法雷利 (Farrelly,L.) 著 ; 肖彦, 姜珉译. — 2版. — 大连 : 大连理工大学出版社, 2013.8 ( 2019.8重印 )

书名原文: The Fundamentals of Architecture,2nd edition

ISBN 978-7-5611-7990-1

Ⅰ.①建… Ⅱ.①法… ②肖… ③姜… Ⅲ.①建筑设计—教材 Ⅳ.①TU2

中国版本图书馆CIP数据核字 ( 2013 ) 第135561号

---

出版发行：大连理工大学出版社
（地址：大连市软件园路80号　邮编：116023）
印　　刷：深圳市福威智印刷有限公司
幅面尺寸：190mm × 230mm
印　　张：12.5
出版时间：2009年1月第1版　2013年8月第2版
印刷时间：2019年8月第2次印刷
责任编辑：初　蕾
责任校对：仲　仁
封面设计：张　群

---

ISBN 978-7-5611-7990-1
定　　价：65.00元

电 话：0411-84708842
传 真：0411-84701466
邮 购：0411-84703636
E-mail：jzkf@dutp.cn
URL：http：// dutp.dlut.edu.cn
如有质量问题请联系出版中心：（0411）84709246 84709043

# 建筑设计基础教程

# The Fundamentals of Architecture

第二版

大连理工大学出版社

# 目录

简介 06

第一章

建筑的选址 10

基地 12
地点和空间 20
城市文脉 22
景观文脉 24
案例分析：大学校园重建 26
练习：场地分析 30

第二章

历史和先例 32

建筑发展的时间线 34
古代世界 36
古典时期 38
中世纪 40
文艺复兴 42
巴洛克时期 46
现代主义 50
案例分析：博物馆重建 56
练习：天际线 60

第三章

构造 62

材料 64
构造要素 72
预制构件 78
改造 80
可持续性 82
新型材料 84
案例分析：场馆设计 86
练习：轴测图绘制 90

## 第四章


**表现** 92

CAD绘图 94
草图 96
比例尺度 102
投影 106
透视法 112
三维图像 114
实体建模 118
CAD模型 120
布局和版面 122
故事板 124
作品集 126
案例分析：改造项目 130
练习：合成照片 134

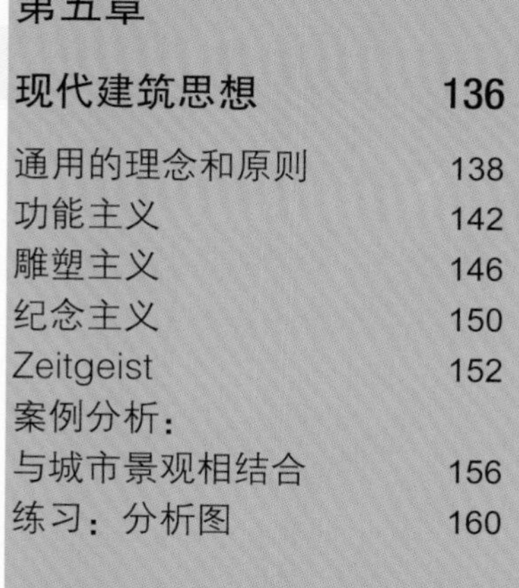

## 第五章


**现代建筑思想** 136

通用的理念和原则 138
功能主义 142
雕塑主义 146
纪念主义 150
Zeitgeist 152
案例分析：
与城市景观相结合 156
练习：分析图 160

## 第六章


**实现** 162

工程进度 164
项目 166
贡献者及其角色 168
项目任务书 170
概念 172
场地分析 174
设计过程 176
细部深化 178
完工 180

**结束语** 182
**参考书目与网站信息** 184
**词汇表** 186
**图片信息** 188
**索引** 190
**致谢** 192
**职业道德** 193

# 简 介

## 建筑学

1. 关于设计建造建筑的艺术或实践。
2. 建筑设计与建造的风格。



《建筑设计基础教程》（第二版）将向更广泛的读者介绍建筑设计。它将介绍建筑师在设计建筑场所和空间时所需要具备的基础知识。这本书再版旨在介绍建筑设计的基本原则。书中配有大量视觉分析图和插图来诠释怎样获得灵感以及最终怎样进行建筑设计的整个思考过程。

人们对建筑设计理念的认识仍然存在着许多盲区。建筑需要一种视觉和理念的呈现，从而在理论层面上进行交流或者将其落实到图板上。建筑设计是一种图示化的语言，建筑师通过绘图、模型的方式进行交流，并最终通过建成空间和场所的方式表达建筑理念。

这本书的章节是根据对建筑设计创作过程中的各个方面进行总结来划分的。这个过程源于某个理念或灵感，还可能由于某个方面的简化而得到提速——建筑的意向功能，或者是在建筑材料、施工过程、某些历史古建、当代建筑典范以及现存建筑中获得了设计理念。

建筑设计是一项复杂而又可以激发兴趣的活动。周围的建筑构成了我们的物质世界。建造一栋建筑需要许多层面的思考和探索。

简而言之，建筑就是关于如何定义我们周围的物质空间，例如，一个房间和其内部的一个物体。它可以是一栋房子、一栋摩天大楼或者一组建筑，也可以是一座城市总体规划的一部分。不论建筑的尺度怎样，它都包含了从概念草图或绘图到人居空间和建筑建成这样一个渐进的过程。

**1. SECC会议中心，格拉斯哥，苏格兰**
**福斯特事物所，1995～1997年**
这个建筑位于格拉斯哥的克莱德河岸，有很突出的轮廓。它有一个弯曲的铝屋顶，看起来像是犰狳坚硬的外壳，暗示着这个建筑非常坚固和牢靠。

1

**1. 施罗德住宅，乌得勒支，荷兰**
**盖里特·里德维尔德，1924～1925年**
艺术运动同时也对建筑形式产生影响。荷兰的风格派运动强烈地影响了盖里特·里德维尔德的建筑设计风格，从施罗德住宅中可以看出这种影响。

**2. 施罗德住宅草图**
这幅学生作品表现了对施罗德住宅的几何分析。建筑的立面图清楚地表现了每个元素是如何按比例连接的。红线表示几何学比例体系的黄金比（参见123页）。



## 章节划分

这本书的内容被划分为一系列的章节，旨在涵盖建筑设计的整个过程。

第一章是建筑的选址，介绍了建筑设计需要参考其周边场地，以及怎样在设计展开之前对建筑场地进行分析和理解。第二章是历史和先例，阐述了所有的建筑都是受到既有理念的启发和影响，它或者是与布局和建筑材料的使用相关，或者与一种结构性的理念相关。不存在完全原创的建筑，它必然从历史先例中借鉴了大量的知识，不管其是含蓄的还是明确的，也不管其建造年代的远近。

第三章是构造，介绍了建筑技术的基本方面。这一章节的内容涵盖了结构和材料，还涵盖了建筑的生产和实质。

2

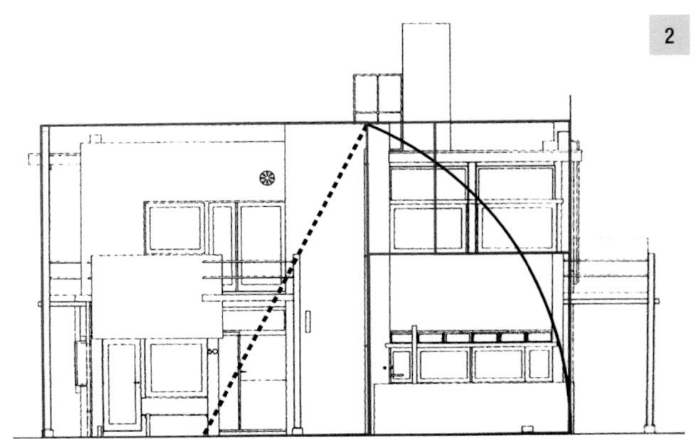

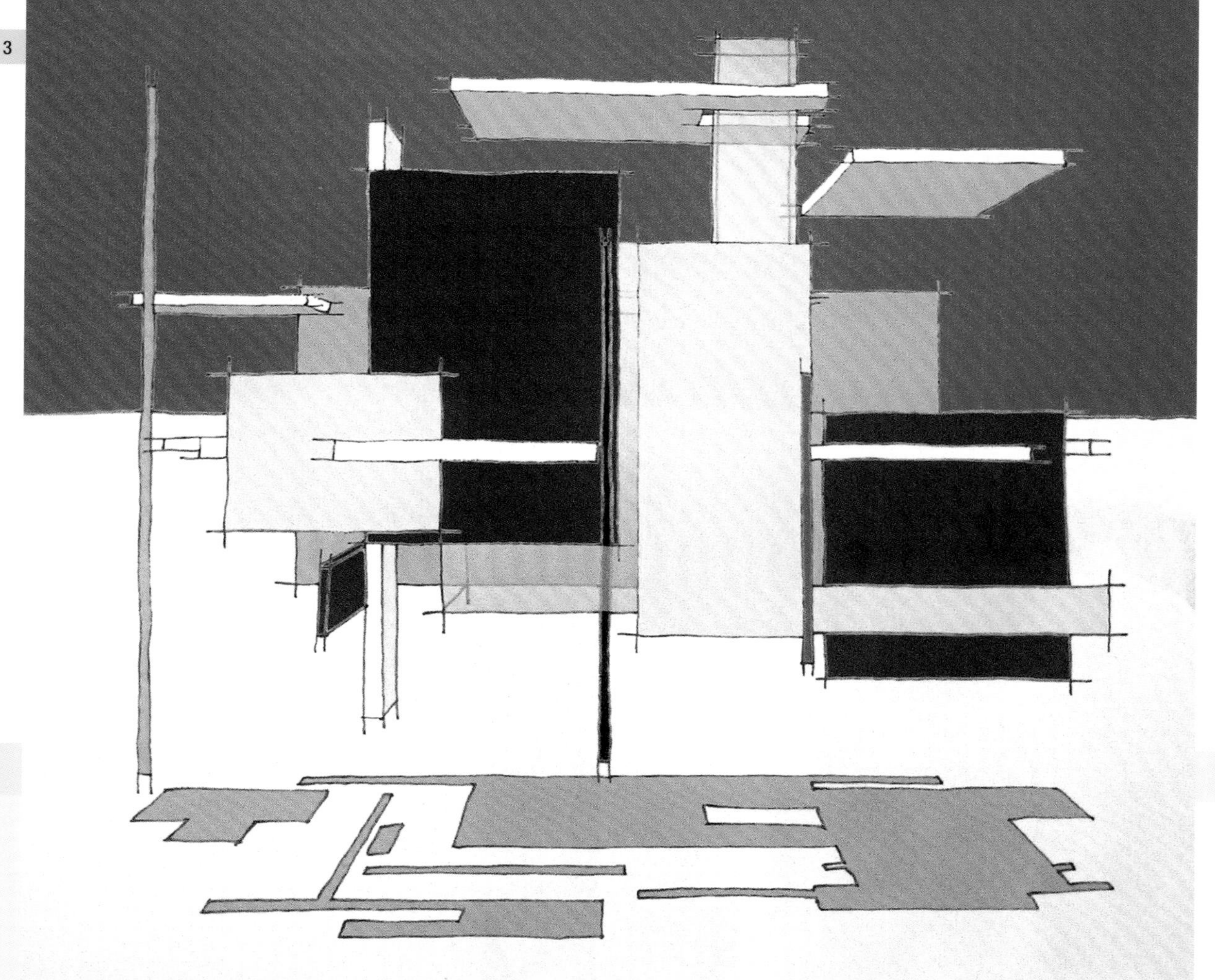

第四章是表现，涉及建筑理念的交流方式，从徒手草图到计算机绘图和建模等。第五章是现代建筑思想，探讨了建筑设计受主流“时代思潮”或者时代精神影响的一些途径。

第六章探讨了建筑的实现，从最初阶段的理念思考，到最终阶段建成于场所之上的建筑。在这个过程中，需要同时考虑场所、案例、材料和结构。成功的建筑和结构需要对信息进行规划整理，组织一批促进施工展开的专业人士以及施工的建筑承包商。建筑的成功与否可以通过委托人的反馈以及对原设计初衷的完成情况来进行评判。

3. 施罗德住宅分析

这张施罗德住宅的三维透视图展现了建筑的内部空间是如何由水平板和垂直板交错而成的。图下方形成的阴影直接对应着建筑的平面图。

# 第一章 建筑的选址

在建筑学的术语中，文脉一般是指建筑所坐落的地点或位置。文脉是影响建筑设计理念形成的具体而显著的因素。许多建筑师利用文脉来清晰明确地表述建筑设计概念与周围环境的联系。因此，最终实施的建筑一定是与周围环境很好地协调统一，并最终成为环境的一部分。而另外一种设计手法（关于建筑的选址）则是完全与周围的环境相对立，随之形成的建筑将会显得与众不同且独立于周围其他建筑和环境之外。无论通过哪种方式，关键的问题都在于首先要充分地研究分析文脉，并且在设计实践中谨慎而清楚地回应文脉。

**1. 城镇景观模型**
这个由激光切割的地图模型强调了城镇的景观面貌：一个项目的基地由一组红色体量进行标注，从而与其周围的城市场所区分开来。

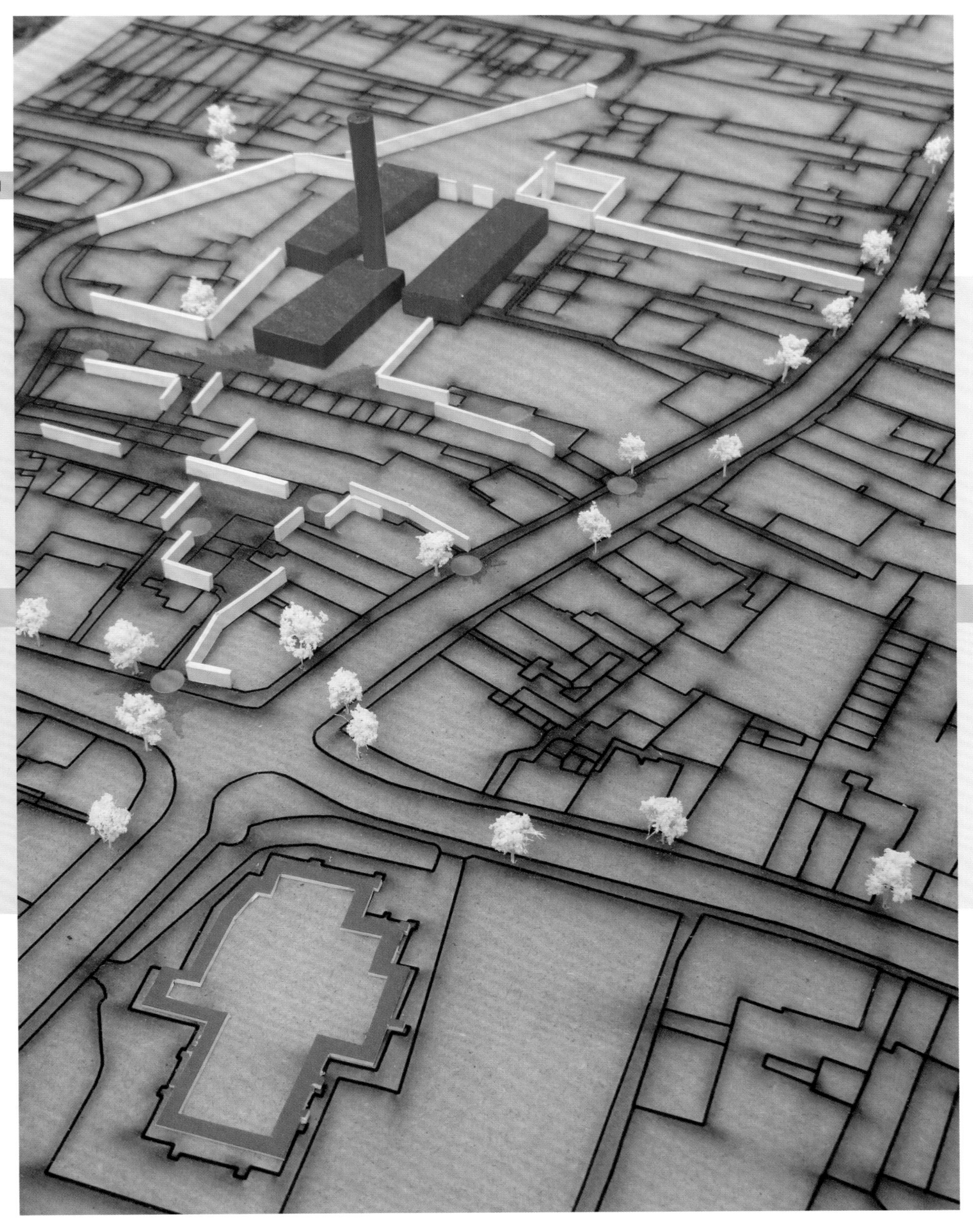

1

## 基地

建筑属于某个地点，它依赖于特定的地点，即一块建设用地（基地）。这块基地具有与众不同的特征，其中包括：地形、地貌、朝向、位置以及它的历史定位。



### 理解基地

一块城市中的基地具有其独特的自然历史，它将影响到建筑设计的理念。在这片用地上会有周边其他建筑的回忆和踪迹，而这些建筑又具有各自重要的特征：从材料的使用、建筑的形式和高度，到房屋使用者可以接触到的细节的样式以及它的物理特性。一块景观用地也许对显著的历史因素的考虑会少一点，但是，它的物理特性、地形、地质以及植被等都将对建筑设计起到指导性作用。

作为一名建筑师，对于建筑所在基地的理解是一项最基本的要求，文脉将会提出一系列限定因素，包括朝向（太阳如何绕基地运动）和入口（如何到达建筑所在的基地？往返于建筑之间的路径是怎样的？）。具体的考虑因素包括相邻建筑的状况、高度、体量以及建成它所需要使用的材料。

建筑的选址不仅取决于它的建设用地，同时也取决于它的周边区域环境的状况，这又提出了一系列需要进一步去考虑的问题，比如周围建筑的尺度以及选用的建筑材料。

在建设用地中想像建筑的形式、材料、入口和景观是非常重要的。基地不仅为设计提出限制和约束，同时也提供大量的机会。使建筑物具体化和独特化的原因是因为没有两块基地是完全一样的，每块基地都有其自己的生命周期，并通过演绎和理解的方式来创造更多变化。基地分析对于建筑设计非常重要，因为它为建筑师的工作提供了依据。

1. Casa Malaparte，Capri，意大利
Adalberto Libera，1938 ~ 1943年
Adalberto Libera 给我们提供了一个很好的关于建筑设计与周围景观环境相呼应的案例。Casa Malaparte 坐落于意大利Capri岛东端伸向大海的山崖上。它由石材砌筑而成，真正地做到了建筑与基地的完美结合，并成为景观的一部分。

2. 伦敦的天际线
在城市环境当中，新旧建筑可以和谐共存。这是从泰晤士河南岸看伦敦的天际线。这座城市经历了几百年的逐步发展，建筑之间从材料、形式到尺度等方面都很好地相互结合。

1. 伊斯坦布尔：卡拉科伊（Karakoy）分析图
这是伊斯坦布尔某个滨水地带的地形图，分析图沿地形标注了重要的活动中心，并通过不同颜色描述了不同特色的片区。



## 基地分析和绘制地形图

记录和研究基地的技术和方法有很多，包括从自然状况勘测（对基地内自然风貌的测量）到对声、光以及历史经历等方面的研究。最简单的方法就是亲临现场，去看、去记录基地的周围状况。这样做能够为设计提供依据，并使最终设计的建筑能够更加适应基地的状况。

文脉回应尊重基地内已知的限定因素，然而非文脉回应却故意与基地内现存的限定因素背道而驰，从而创造对比与变化。这两种方法无论采用哪一种都需要建筑师通过不同形式的基地分析来处理基地，并且恰如其分地理解基地的现状。

为了准确恰当地分析基地的现状，必须绘制地形图，这就意味着我们需要记录下目前基地中现存的各种形式的信息。绘制地形图所需要的信息不仅包括基地内的自然地理方面的信息，而且包括对于这块场地特性方面的个人经历体验以及个人理解的信息。

有很多种工具可以被应用于绘制基地的地形图，人们研究它并在它的指导下进行设计。分析型的工具可以使基地以不同的方法被测量。

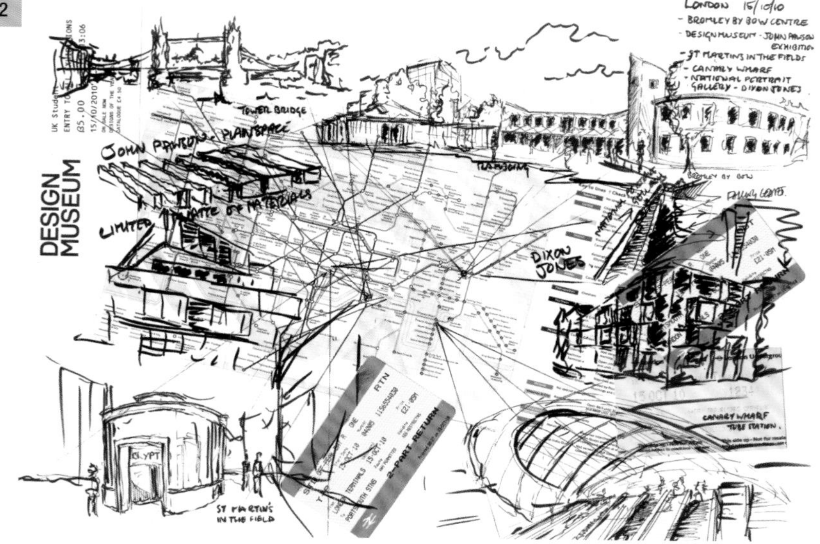


2

**2. 场所的旅行手记**

这张伦敦拼贴图由一组旅行素描构成，附有火车票以及伦敦旅行的个人手记。

## 工具一：对基地现状的个人理解



我们对于一个地点的第一印象是非常重要的，我们对一块基地的总体特征的个人理解将会影响到我们接下来的设计决定，所以迅速并诚实地记录下这种个人理解是非常重要的。

个人对基地周围的实地考察和理解的办法来源于Gordon Cullen 的一本书——《城市景观艺术》。当时他正专注于被他描述为“serial vision”(连续的视野)的概念，这个概念建议我们将所要研究的地域在地形图上标示出一系列的点，每个点表示一个对于基地不同的视角和观点。这些观点被以草图的形式勾画出缩略图，展示了人们对于这个基地空间的个人印象。

连续的视野是一种非常有效的方法，可以被广泛地应用于任何基地或建筑中，去解释它是如何进行空间组织的，并能识别它的重要意义。只要它们能够被按顺序组合和解读出来，这种视觉作用就既可以表现为一系列连续的草图形式，也可以表现为在行进过程中拍摄的照片。

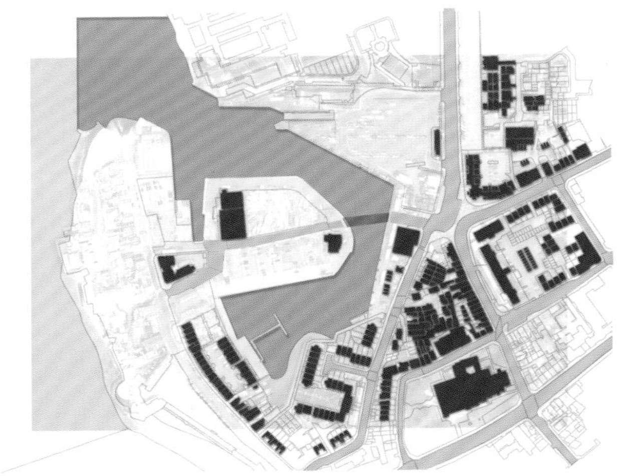

**1. 2.&3. 图底关系研究**
1.伦敦泰晤士河流域的一处图底关系研究，清晰地表达了开敞空间的位置。
2.在英国的老朴茨茅斯（Portsmouth）的一处场地，蓝色区域表示水面，主干路用灰色表示，建筑用黑色表示。
3.这一系列图示表达了场所及其区位关系。



## 工具二：基于图形背景的研究

“基于图形背景的研究”是地形图绘制类型的一种，它将建筑以实体的形式进行表现，并通过这种方式将周围的空间清晰地界定出来。“基于图形背景的研究”将一座城市以虚实划分区域的形式表现出来，提供了一份抽象的基地分析。这项实践活动把我们的注意力集中到建筑及其周围的空间上。在历史上，“基于图形背景的研究”常常被用于界定城市中不同类型的用地空间。

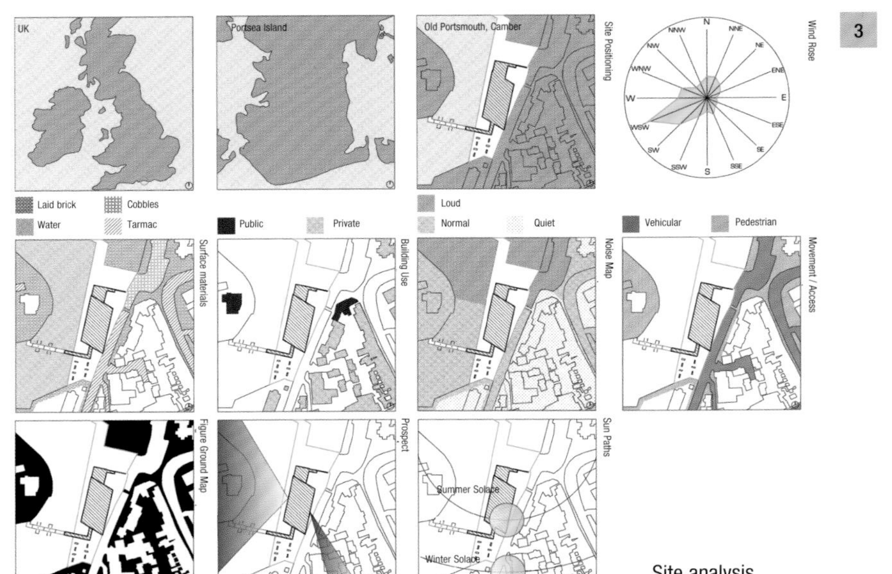

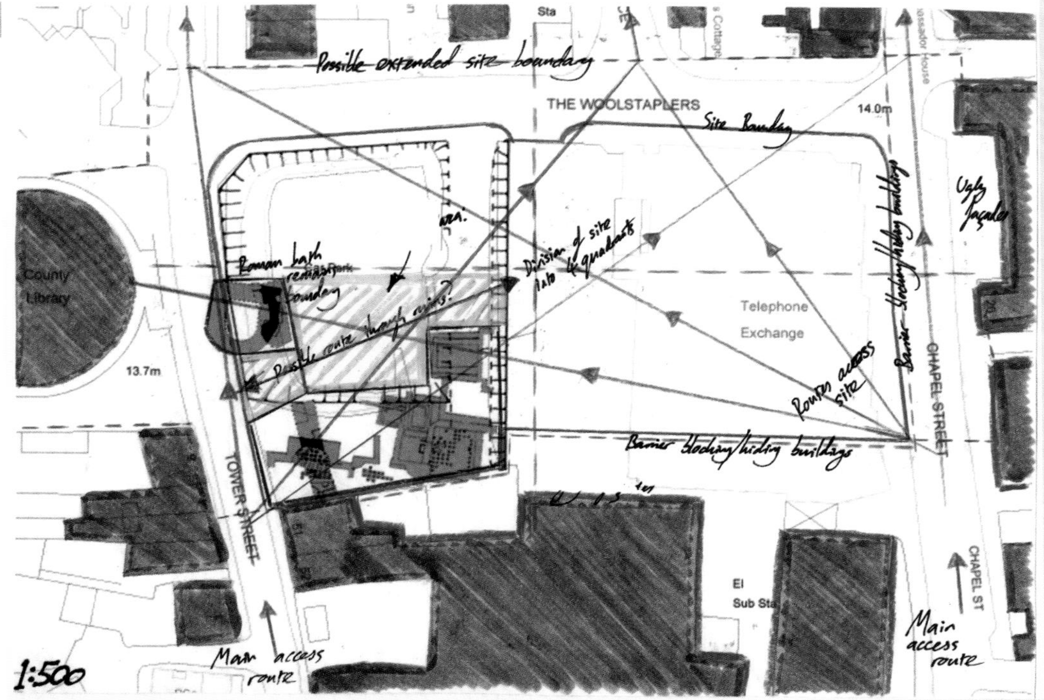


## 工具三：探索基地历史发展的轨迹



将一块基地在历史发展中所经历的一系列重要阶段以地形图的形式绘制出来并进行研究，这能为我们提供一份对当地的生活以及回忆的详细描述。对历史的追溯可以通过把同一基地的同一比例尺的表现不同历史阶段发展状况的不同地图叠加的方式实现。这样做可以使所有的地图同时被解读，并使人们对于此基地的过去和现在有一个更为具体的印象。

追溯历史可以为设计提供重要的依据。基地上从历史遗留下来的道路、公路或铁路都可以作为重要的轴线，成为设计中的已知条件。同样的，罗马墙等古典建筑元素仍可以被应用于新的建筑计划中。历史性的基地分析同样能够为当代设计提供灵感，因为它与基地考古学有直接的联系。

**4. 探索基地历史发展的轨迹**
绘制基地历史发展进程的地图可以将基地在生存周期内的所有重要的发展进程事件统一展现出来，构成一幅关于基地的完整的图像，并最终成为该基地未来设计发展的灵感源泉。

1

2



# 基地勘测

任何一块基地的状况都需要被勘测记录，一份勘测报告可以被描述为对基地内现存状况的记录。它既可以用自然地图或模型的形式表达，也可以用更为严谨具体的通过测量得出的图纸来解释门、窗或现存建筑红线的具体位置，以及基地内的海拔高度和地平面高程。

详细的基地分析会测量基地内的自然风貌。一份基地勘测报告将会为我们提供基地内基本的水平和纵深尺寸，显示出基地周围已有的和计划继续兴建的建筑，并以平面图、立面图和剖面图（参见106页）记录目前基地周边的现存状况。这是设计过程中必不可少的重要环节。

基地勘测同样可以用来记录不同的高差。一个基地的地形勘测能够显示基地内不同的等高线和坡面，而这些信息都将对设计构思的发展起到建设性的作用。

**1. 场地调研**
英国哈文特（Havant）的一组城市研究草图模型表达了不同的空间类型。

**2. 体量模型**
伊斯坦布尔的体量模型表明了城市密度。

**3. 4. &5.合成图像**
这些合成图像使用了数字化鸟瞰视角以及城市景观CAD模型。

3

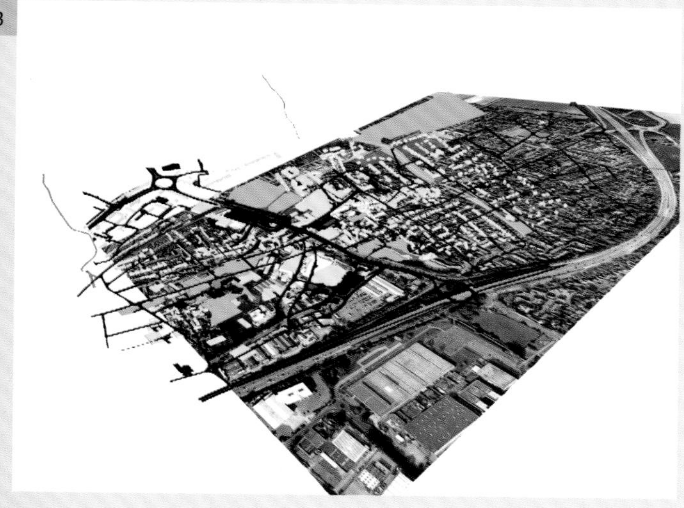

4

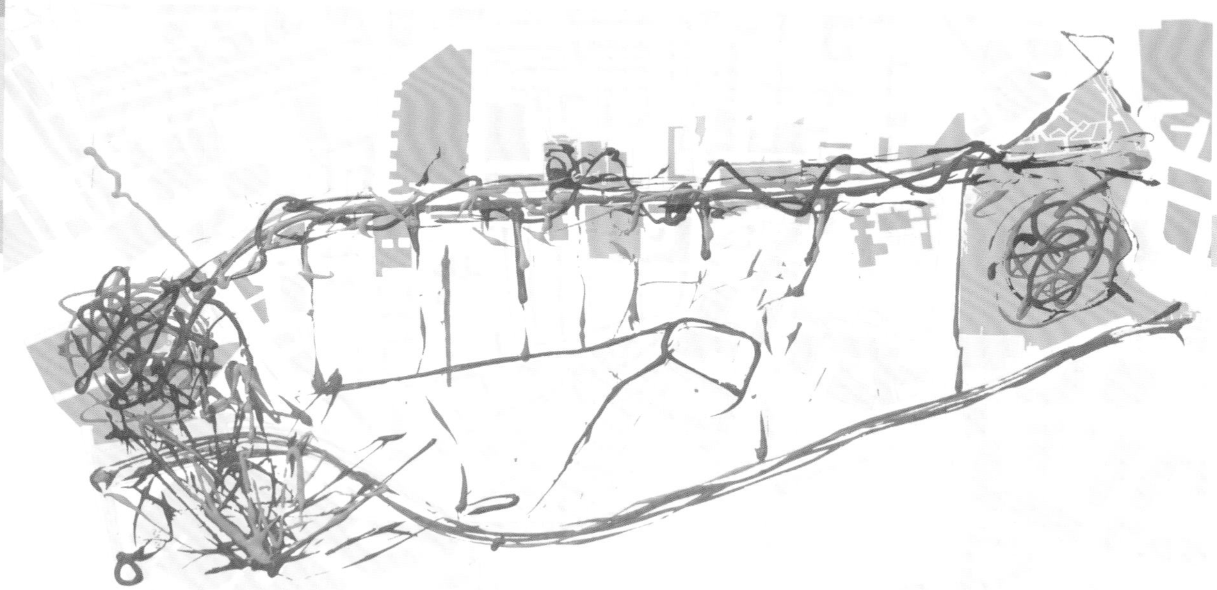

5

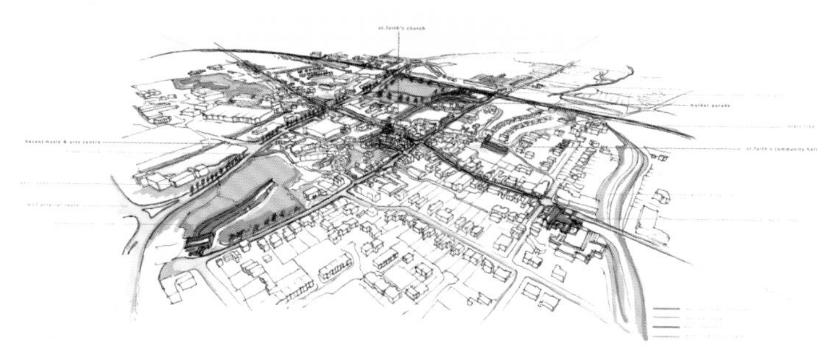
st.faith's church
market parade
train line
havant music & arts centre
st.faith's community hall

# 地点和空间

空间在什么时候会成为地点？空间是自然存在的，它是具有三维尺寸的并且位于某个特定的地点，它会随着时间而发生变化并且存在于记忆中。地点是活动、事件发生的地方。一座建筑可以是一个地点，也可以是一系列地点的集合。同样，一座城市也可以是由许多重要空间构成的，而城市本身也是一个地点。



## 对于某个地点的记忆

对于某个地点的记忆的概念是建立在这个令人印象深刻的地点被清晰地回忆起来的前提下。它们有显著的特征，比如声音、肌理以及那些在这里发生过的令人记忆犹新的事件。对于建筑师来说，熟悉并理解地点是相当重要的，尤其是当应对处于历史性基地内或处于历史保护区域内的建筑设计时。在设计中需要加强对于历史和记忆因素的考虑。

将城市和建筑设计作为一项地点设计，需要把建筑或空间想像成为这些事件所发生和上演的舞台。

**卡洛·斯卡帕（1906～1978年）**
意大利建筑师卡洛·斯卡帕实现了当代建筑设计与历史性基地现存环境的完美结合。他非常认真谨慎地利用一系列不同的建筑形式和材料来使他的建筑设计既区别于周围既有的建筑，同时又与周围环境相融合。斯卡帕非常认真地研究了基地现状，最大程度地尊重现有基地内的道路交通行进路线以及视点等重要方面，并在设计过程中强调这些理念的作用，充分尊重并勇于探索对于基地过去的记忆。

1. Castelvecchio，维罗纳，意大利
**改造项目，卡洛·斯卡帕，1954～1967年**
Castelvecchio位于意大利历史名城维罗纳的阿迪吉河畔，是一座中世纪的城堡，经过斯卡帕的改造后，转变为一件当代建筑设计的杰作。它不仅是一座历史古堡，同时也是一座当代的雕塑公园和博物馆。

2.《事件之城2》中的图片（MIT Press，2001年）
**伯纳德·屈米**
在《事件之城2》这本书中，屈米探索了把城市作为一系列各种事件（生活、演出、购物等）可能发生的潜在地点的可能性。这些地图为我们展示了这些事件发生的地理位置。

1

2

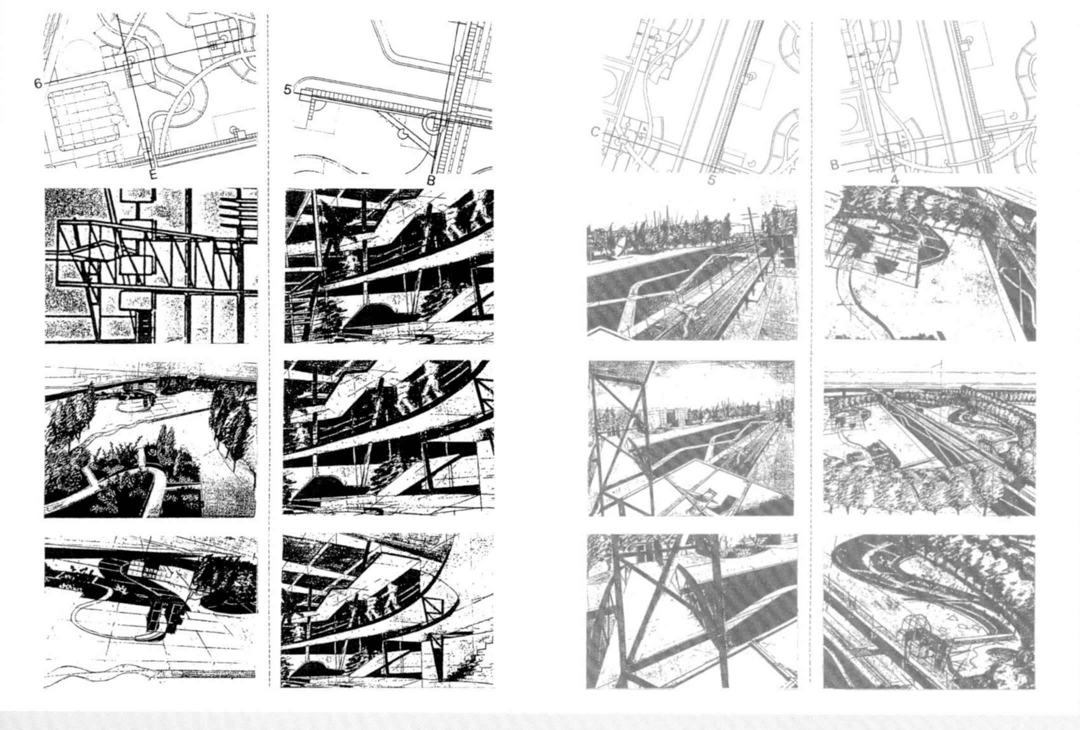

## 城市文脉

城市是一个环境，在这个环境中坐落着我们绝大多数的新建筑。同时，它又是一个载体，承载着我们在当今社会中的日常生活和工作。城市为建筑设计提供示例并为它们的相互作用和相互促进提供环境载体。

1

## 一个创新

为事件发生和生活的发展提供载体的地点和城市是由广大人民共同创造和参与构筑而成的。城市的概念是通过无数的革新家、建筑师、政治家、艺术家、诗人和设计师的共同设想和描绘而产生的。

许多城市概念的意向都为我们展示了一种乌托邦式的理想状态，比如城市是什么样子的以及我们在城市中将会如何生活。这种新型城市的设想在一定程度上得到了实现，如美国的海滨城市、英国的米尔顿·凯恩斯以及印度的昌迪加尔等。这些新型的城市首先存在于人们的想像之中，然后，作为一种全新的和完整的生活理念被创造出来。这些新型城市的设计并没有受到历史遗留的公共设施以及可供使用的建筑材料的限制，相反，却获得了更多的进行全新建筑设计并构建出我们全新未来的机会。

2

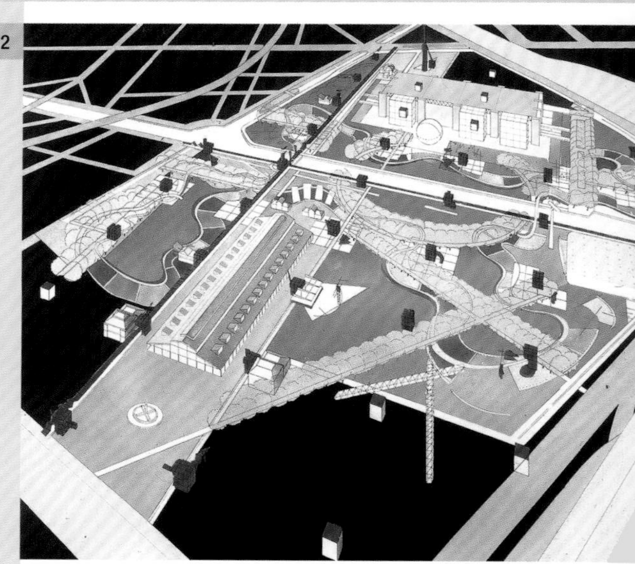

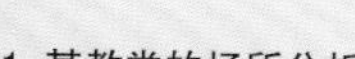

**1. 某教堂的场所分析**
这张拼贴图运用了场地照片作为图底分析，并标有关键词和文字描述场所的活力和潜在活力。

**2.拉维莱特公园，法国巴黎**
**伯纳德·屈米，1982~1998年**
拉维莱特公园35个红色建筑之一，这些建筑用为咖啡屋、信息亭和其他活动中心。

**3. 一名学生对伊斯坦布尔的印象**
这组伊斯坦布尔的草图表达了解读城市的个人视角，并捕捉了人物和场所。

3

# 景观文脉

在以景观为背景的条件下，建筑既可以被看做是周围环境的一部分，也可以被独立区分于周围环境之外。许多体量巨大的建筑和构造体本身就可以成为一种独立的景观类型，比如机场、公园以及铁路干线的乘降站。这些建筑在尺度上是如此巨大，以至于在它们之中就包含了其他的构筑物和建筑。



## 景观和文脉

一座景观，无论尺度有多大，都为人们的居住和生活创造了新的可能性。无论基地是在城市还是在农村，是在开放的或是在相对封闭的地段内，只要是作为规划建设用地，都需要建筑师从多方面和多角度去理解和研究，比如在直觉方面和个人方法方面的理解，以及在定量方面和度量手段方面的理解。

综上所述，这些不同角度的不同方面的理解为建筑设计提供了重要的参考依据，这其中必将包含适应特定地形区域并与当地的环境文脉相符合的东西。

**1. 巴拉哈斯机场，马德里，西班牙**
**理查德·罗杰斯事务所，1997～2005年**
当代的建筑如飞机场，凭借其巨大的尺度，使其自身成为一种景观。这座由理查德·罗杰斯事务所设计的机场在它所创造的景观中表现出一种有机的形态。这座建筑最大的特色在于采用模数化的设计创造了以大量预制钢构件支撑的连续的波浪形屋面挑檐。屋顶在得到了中间树状结构体系的支撑后，被屋面的光线强化，从而显得更加突出且富有个性。

1

# 案例分析：大学校园重建

项目: 海丁顿校园，牛津布鲁克斯大学

建筑师：Design Engine 建筑事务所

客户：牛津布鲁克斯大学

地点/时间：牛津，英国，2009年至今

这一章探讨的是建筑的文脉，需要对建筑所处的场所有更深入的理解，此外还包括方位、视线、尺度、体量和形式等方面，这些都将影响到建筑物及其周围空间。

当牛津布鲁克斯大学决定开发主校园，即海丁顿校园时，他们委托英国本土的Design Engine建筑事务所来设计一个总面积达2276平方米的新总体规划。委托人要求该事务所设计一系列相互联系的建筑物，作为大学阶段发展的一部分。Design Engine的规划方案最终获得通过，其2011年项目预算为8000万英镑，包括一座图书馆、学生活动中心和建筑环境学院的教学楼；这些建筑均有新建的内部庭院、商业空间及其衍生出的一个新的公共露天连廊。

这个地段所面临的挑战是如何在村镇或小城镇的尺度上处理好现存建筑和空间之间的关系。这个项目需要对原有建筑空间有深入的理解：一些大体量的开敞空间，比如图书馆；一些小型空间，比如教室、会议室和备用服务空间。

学生将在各种不同尺度和类型的空间内相互交流，包括提供小组学习氛围的社交空间。这些空间具有弹性，将满足不同学生的不同需求，既可以满足个人学习也可以满足小组学习的需求。

此外，新校园还建有外部开敞空间、庭院和内部广场。最终，场地边缘的一系列空间是更具公共用途的空间；它们是周边社区、城市街道以及公共空间的组成部分。空间和建筑物作为景观的一部分，形成了一种全新的空间感和校园环境，并增强了大学校园的可识别性。相互交错的街道和步行道将建筑物、教室和其他供学生使用的学习设施联系到了一起。

**1. 概念图**

这张三维概念图展示了该拟建校园项目的主要元素之间的关系，以及连接不同场地元素之间的路径。

1

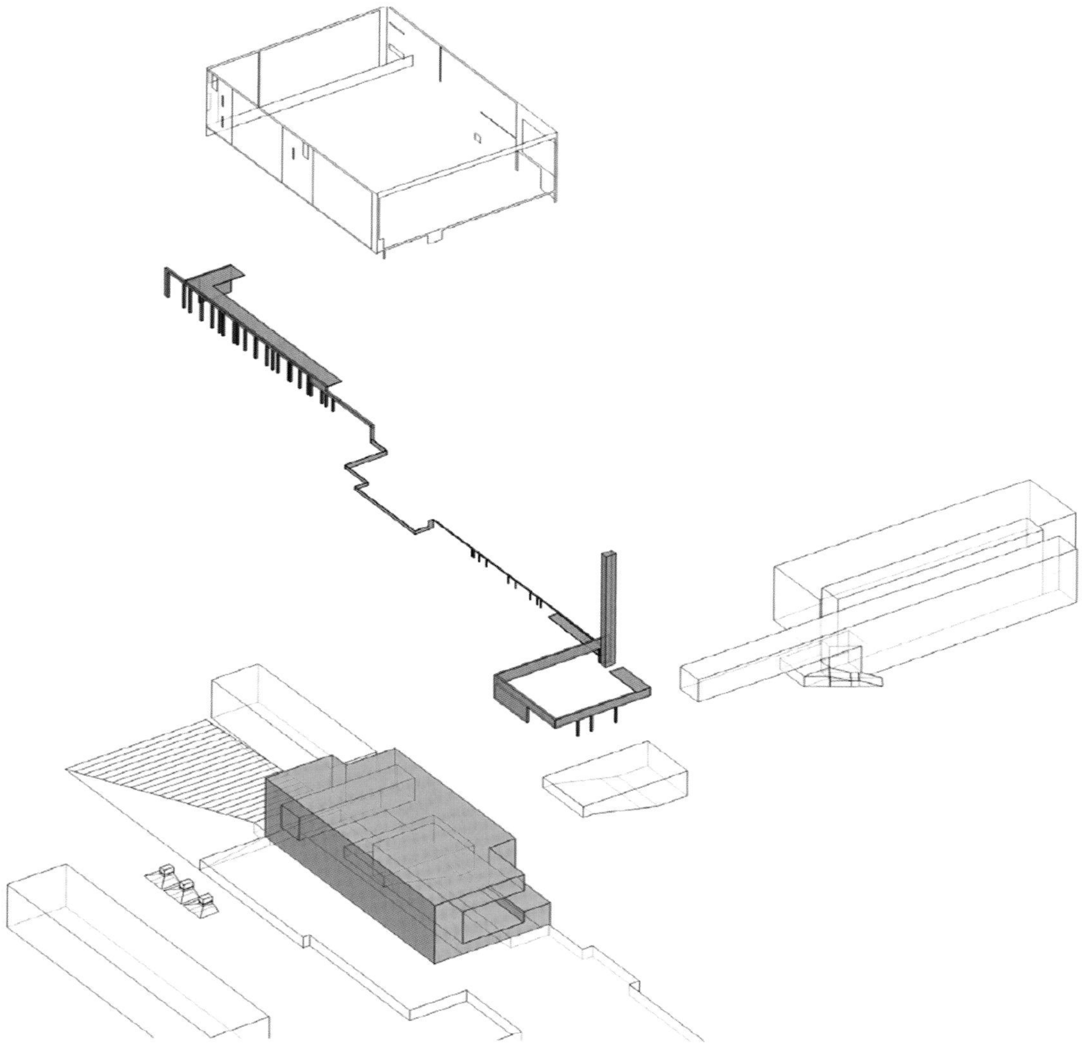

## 概念

这一方案的设计概念是场地内建筑物和空间之间的线性联系。方案的主要空间和建筑群是图书馆和学生自习空间，它们将采用经过特别处理的装配玻璃，从而营造一种与众不同的建筑视觉效果。建筑的设计理念源于一系列的建筑群和空间。建筑物的墙面好似一层皮肤，将场地内所有建筑元素组织在一起，形成微妙的视觉效果。

这层皮肤由覆面镶板和专为该项目设计的一套玻璃装配系统构成。建筑自身将成为研究和调查的一个对象。墙面的装配玻璃使用了树状图案，从而实现了与大学校园环境的视觉连接，并且为建筑内部及外部引入了自然元素。建筑的外立面过滤了投射到建筑内部和外部的光线，因此赋予了建筑与众不同的视觉效果。

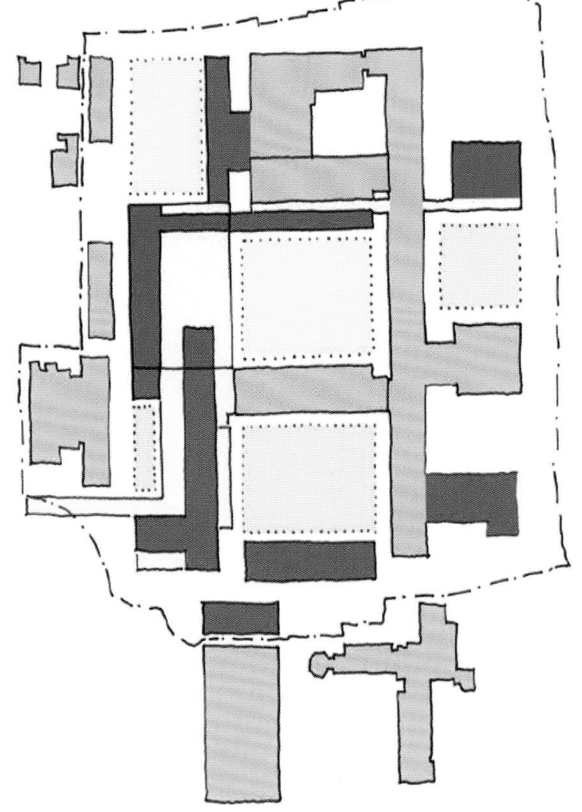


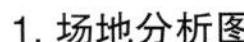

**1. 场地分析图**
这个分析图指明了原有建筑元素、拟建元素和校园新规划的开敞空间。

2

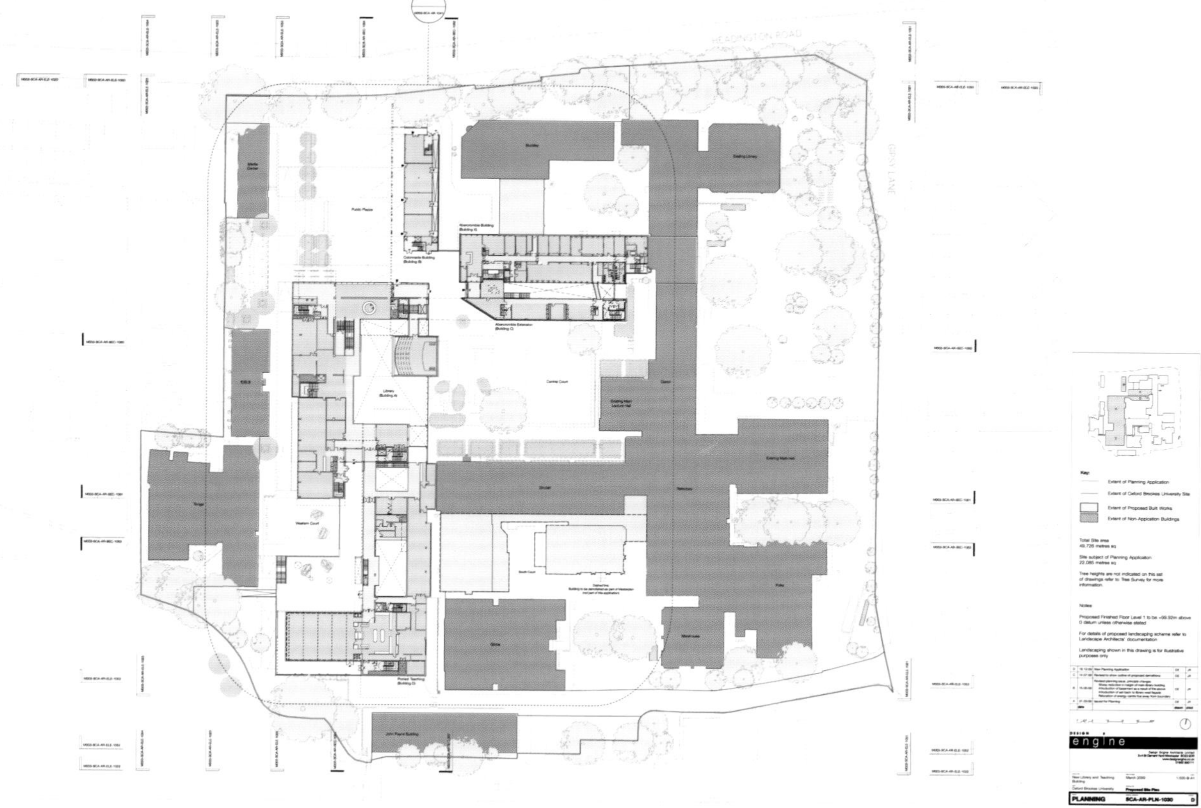


**2. 总平面图**

校园的总平面图指明了景观、现有建筑和周围文脉的情况。

# 第一章

## 练习：场地分析

场地分析包括记录项目场地的各个方面，以促成设计的展开。每个场地都有自己的特点，所以需要结合不同的方式进行记录。花时间去“解读”场地是非常必要的。在场地内漫步穿行，去感受它，并且试着用物理信息和数据的方式进行记录，例如尺寸和方位，然后加上个人的诠释，例如富有趣味的开敞空间和重要的景观。在设计方案时，这些信息将可以全部用为项目摘要的参考。

场地分析需要结合场地的提案。下面是一个练习：

1.精心选择一处场地并且定位它的场地平面图。

2.确定场地的最高点，说明场地中可能影响设计的问题。

3.使用图表将场地中存在的不同问题联系在一起。使用不同颜色或者阴影将这些理念在视觉上进行区分。一组不同主题的场地分析图，使用的底图可能都是一样的。

一些可能影响设计的因素：

气候
视线
现有轴线
交通
历史
尺度
现有建筑
材质

**1. 比例图**
在进行场地文脉分析的时候，场地比例图对于理解场地的位置和周围环境特点来说十分重要。这个底图可以通过色块和文字来描述场地的信息，例如风向和方位等等。

exercise

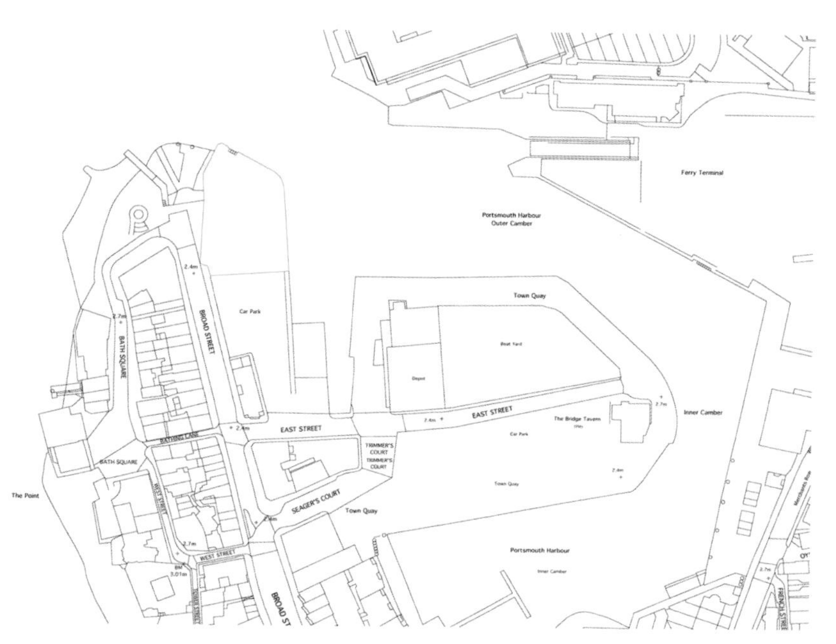


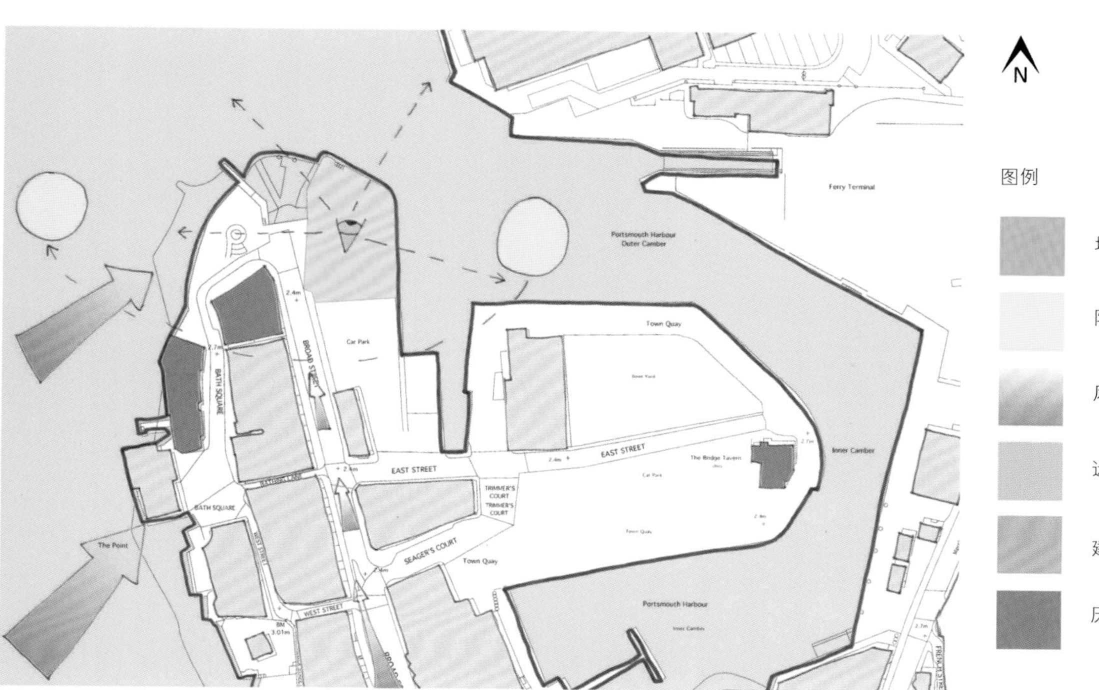


图例

场地

阳光路径

风

远景

建筑物

历史名胜建筑

# 第二章
# 历史和先例

设计和革新建立在先例的基础之上，建立在那些随着时代发展而逐步形成的理想和概念之上。建筑设计充分利用先例中的社会历史以及民俗习惯等要素，来影响当代的建筑设计形式和构造。了解建筑的历史对于建筑设计来说是非常必要的，因为它为我们展示了材料的质感、物理特性以及先前的社会文化发展之间的联系。以建筑师的视角来应对这些要素就成为了建筑设计革新的根本。

**1. 伦巴艺术博物馆，科隆，德国**
**彼得・卒姆托，2003~2007年**
2007年彼得・卒姆托完成了伦巴艺术博物馆的修建，博物馆与哥特式教堂的历史文脉相互呼应，新建筑和原有建筑之间产生了实质的联系。

1

**公元前3100年**
位于英格兰威尔特郡的巨石阵是由每块都超过50吨重的巨大石柱围合而成的历史遗迹。这些巨大的石柱全部来自于50公里以外的石料产地，它们按照冬至、夏至、春分、秋分的方位点进行排列。时至今日，这里仍然作为人们庆祝这些特殊节气的地方。

**公元前450年**
位于希腊雅典的雅典卫城是坐落于Acropolis山上的所有古希腊建筑的集合，其中包括帕提农神庙、伊瑞克提翁神庙和雅典娜女神庙，代表着最为不朽的古典建筑文化。

**1194年**
位于法国巴黎西南郊外的夏特伊大教堂是哥特式建筑的代表作之一，教堂中殿的高度达到了37米，这是史无前例的高度。飞扶壁从内部对墙体进行支撑并帮助墙体承重。

**1492年**
莱昂纳多·达芬奇画的“维特鲁维人”展现了人体与几何学的联系。达芬奇通过设定测量法和模数的形式来研究人体比例和尺度，这给后人以鼓励和启迪。

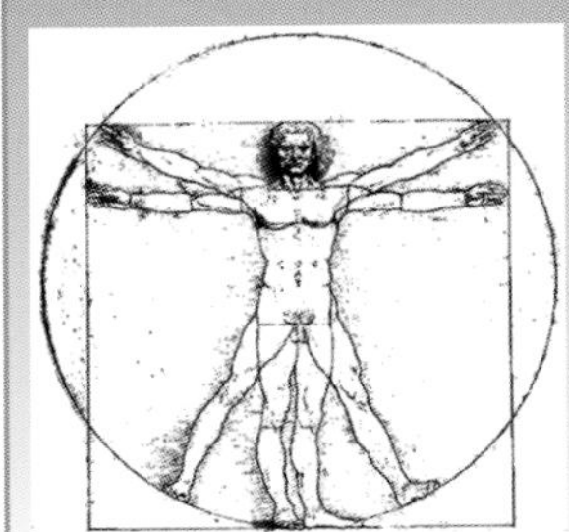

**1755年**
Abbé Laugier在他的建筑随笔中阐述原始屋架的概念，即用最自然的、最简单的方法来创造类似的建筑。用树干做柱子，然后用树枝和树叶搭盖成屋顶，这就是人们最原始的、最单纯的造屋形式。

**公元前2600年**
埃及的吉萨金字塔代表了最永恒的建筑形象。它是作为乔普斯法老以及其继承人的坟墓而兴建的，由上百名能工巧匠共同参与，并完全由石材建造而成。它是世界上最著名的和最令人不可思议的历史遗迹。

**公元126年**
由古罗马皇帝Hadrian主持修建的万神庙因为旨在作为献给所有神的庙宇而得名“万神庙”。使用混凝土作为建筑材料创造出了史无前例的巨大的穹顶结构。穹顶中央开圆洞口，使漫射进来的阳光照亮室内空间。

**1417年**
菲利普·伯鲁乃列斯基因设计佛罗伦萨大教堂而闻名于世。他发明了一种由一系列镜子组成的仪器，这种仪器使他能够从透视的角度来研究和绘制建筑表现图。在此之前，对于建筑图纸的表现没有确切的透视关系的表现技巧和方法。

**1779年**
铸铁建造技术。英国什罗普郡的钢铁桥标志着工业革命以及新材料和新技术的运用推动了建筑形式的革新。钢材的应用将会创造出更轻、更强的结构和建筑。

## 1919年

包豪斯运动兴起于德国魏玛的艺术和建筑学校，是由一些20世纪最具影响力的建筑师和设计师发起的，其中包括格罗皮乌斯、汉纳斯·梅耶、密斯·凡·德·罗等。

## 1851年

约瑟夫·帕克斯顿为1851年伦敦博览会而设计的水晶宫。帕克斯顿在工艺、技术以及创新思想的启发下创造了一种全新形式的建筑。他将轻型的钢框架与玻璃相结合，创造出了全新的透明的建筑体量。

## 1924年

盖里特·里德维尔德设计的位于荷兰的施罗德住宅是风格派建筑的代表作，它充分体现了风格派建筑的特点：单纯的几何形体、横向的线条以及原色（红、黄、蓝）、黑色和白色的应用。

## 1947年

勒·柯布西耶出于对比例、几何学以及人体的兴趣，进一步研究并发展了模数体系，并将其应用到许多建筑设计当中，其中包括著名的朗香教堂。

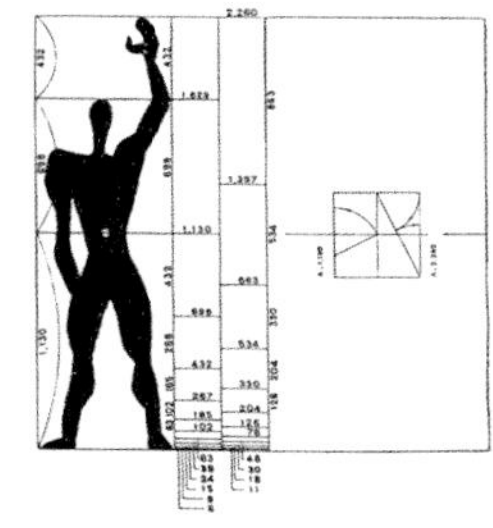

## 2000年

马克思·巴费尔德设计事务所设计的“伦敦之眼”最初是作为庆祝新千年而建的临时建筑，但是现在它已经成为另一项建筑杰作——巴黎埃菲尔铁塔的姊妹篇作品。它既是一项工程技术的杰作，同时也是一项城市设计的杰作，坐落于泰晤士河上，吸引着人们的目光。

## 1889年

为巴黎世界博览会而建的埃菲尔铁塔，设计师是古斯塔夫·埃菲尔。埃菲尔铁塔是当时最高的铸铁框架结构。最初，这是作为一座临时性的建筑而兴建的，但是现在已经成为这座城市的象征。

## 1929年

1929年，密斯·凡·德·罗设计了著名的巴塞罗那博览会德国馆，代表了一种全新的现代建筑理念。他对传统的墙、楼板和屋顶的位置提出了质疑，并提出新的平面和材料的设计理念。

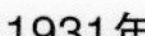

## 1931年

施莱夫、兰布与哈蒙设计了纽约帝国大厦，高达102层，是当时世界上最高的框架结构建筑。

## 1972年

伦佐·皮亚诺和理查德·罗杰斯设计的巴黎蓬皮杜中心。他们将建筑作为机器来进行设计，所有的服务设施、电梯以及各种设备管线都暴露在建筑的外表面，以创造戏剧化的艺术效果。

**1. 吉萨金字塔群，埃及**
**公元前2600年**
法老们将这些陵墓建筑视为他们统治的标志，就像今天的跨国公司或者各国政府通过修建越来越高的、越来越贵的建筑来显示他们的实力与地位一样。

# 古代世界

建筑的历史在本质上是随着文明的历史而发展的。当我们的游牧民族祖先不断改进临时掩蔽处的形式时（我们仍在使用其中的一些，如蒙古草原上的蒙古包），向更有利于定居的形式进行转变满足了对固定掩蔽处的需求。

## 古埃及

与连年内战的美索不达米亚国家相比，尼罗河（流经1100公里注入地中海）地区被沙漠所包围，这使得外敌入侵十分困难，因此整个社会在长达3000年的时间里没有受到外来世界的影响。在这段时间里，埃及人创造出了标志着古王国时期的锥体陵墓建筑，以及位于国王谷的更有装饰性的陵墓。

这两种建筑形式都反映了埃及人信奉生死轮回的世界观。二元性的现象在日常生活中随处可见：昼夜交替、旱涝轮回、湖水沙漠。这个信念和二元性解释了为什么国王谷选在尼罗河的西岸——太阳落下的地方，而路克索神庙则选在东岸——太阳升起的地方。

随着古埃及建筑的建造精确性的进步，它们的位置排布也有了很大的发展。吉萨金字塔群（大约公元前2600年）的底面是边长150米精确到100毫米的正方形。依据黄金分割比例（参见123页），金字塔的顶点确定了一个精确的几何形式。在每一座金字塔中，墓室之间由狭窄的甬道精确地对应天上的星座连接，这被视为是法老的灵魂在其死后游走的休眠场所。

即使以今天的标准来衡量，这些建筑的建造规模与精确性也是惊人的，单是收集建筑所需要的几百万块石材就是一项巨大的工程。这些石材从距离基地640公里的上埃及挖出，经水路运输，到达地点后进行搬运砌筑。

石器时代分为三个阶段：旧石器时代、中石器时代和新石器时代。新石器文明在大不列颠岛上建造了壮观的巨石建筑。这些巨大的石块通常成环形排列，其巨大的体量、建造方法以及与太阳和月亮运动轨迹的联系都带给人以极大的震撼。新石器时代最激动人心的建筑位于英格兰威尔特郡、奥克尼群岛和爱尔兰东部的纽格莱奇以及西部的阿伦群岛。

巨石阵可以算是最著名的新石器时代建筑。大约从公元前3100年起，这些石环就屹立在这片大地上。最初，巨石阵是一系列土方工程挖出的圆坑，这个过程持续了一千年才由包括运输石块工程在内的下一阶段所替代。要将这些石块运到目的地需要先将它们运到木筏上，再从威尔士的西南岸经过弗罗姆河与雅芳河，最终运送到它们今天所在的位置——索尔兹伯里草原。

**2. 纽格莱奇巨石墓室，Knowth，爱尔兰**
**公元前3200年**
这是世界上最早的太阳室。纽格莱奇石墓是一个由岩石、石子和泥土砌筑的巨大圆丘，宽度超过80米。它完好地保存了5000年。经研究发现，石墓是用来庆祝冬至的日出，在这天，一束阳光会射入石墓的中心并照亮内部的墓室。

**3. 巨石阵，威尔特郡，英国**
**公元前3100年至公元前2000年**
巨石阵是新石器时代与青铜时代的巨石纪念碑。它由一圈竖立的巨石组成，是世界上最著名的史前遗址之一。考古学家认为这些巨石修建于公元前2500年到公元前2000年之间，而它们周围环绕的环形土堤与土沟则可上溯到公元前3100年。

3

# 古典时期

在建筑学中，古希腊与古罗马的文明灿烂辉煌，这一时期建筑的概念、形式、想法、装饰和比例都深深地影响了后世，如文艺复兴时期（意大利，15世纪）、乔治亚时期（伦敦，19世纪）和美国殖民时期的建筑风格。古典时期的建筑与思想都蕴涵着永恒的优雅与均衡。



## 古希腊

当美索不达米亚文明与古埃及文明发展建筑形式时，古希腊城邦的语言学科已经第一个形成。

许多现代文明都能从古典希腊文明那里找到源头。政治民主、剧院和哲学都出自那个时期——有充足的食物，有多余的时间思考、细想并更深入地理解身处的世界。一些历史上最伟大的思想家，如柏拉图、亚里士多德和毕达格拉斯的世界观深刻地影响着西方世界接下来的2000年。

古希腊时期形成的古希腊风格建筑（创造于建筑史上的“黄金时期”）是如此精美与优秀，以至于后世将其奉为“经典”。

当今天提到建筑经典语汇时，不是仅就建筑形式而言，还暗指了从古希腊发展起来的一套适用于任何建筑类型的设计方法。

这套设计方法在建筑上表现为对支撑建筑的柱子的设计。根据设计的长细比与装饰风格，按照从粗壮有力到细长优雅的顺序排列，柱子分为五种：塔司干柱式、多立克柱式、爱奥尼柱式、科林斯柱式和混合柱式，这就是所谓的五柱式。

每根柱子的直径不仅取决于它的高度，还跟两根柱子之间的距离和所支撑的整座建筑的比例有关。古希腊建筑上每一个单独的元素都与其他的元素有一定的比例关系，这使建筑有很强的整体性。

1. 古典建筑的五柱式
古希腊与古罗马的公共建筑几乎在设计中都运用了建筑的五柱式。柱式之间的区别体现在柱身的设计与上方的立面细节上。五柱式包括：塔司干柱式、多立克柱式、爱奥尼柱式、科林斯柱式和混合柱式，它们的设计从简单质朴到装饰丰富。这张图片上的数字表示柱式的高细比，例如塔司干柱式的高是其柱子直径的7倍。

1

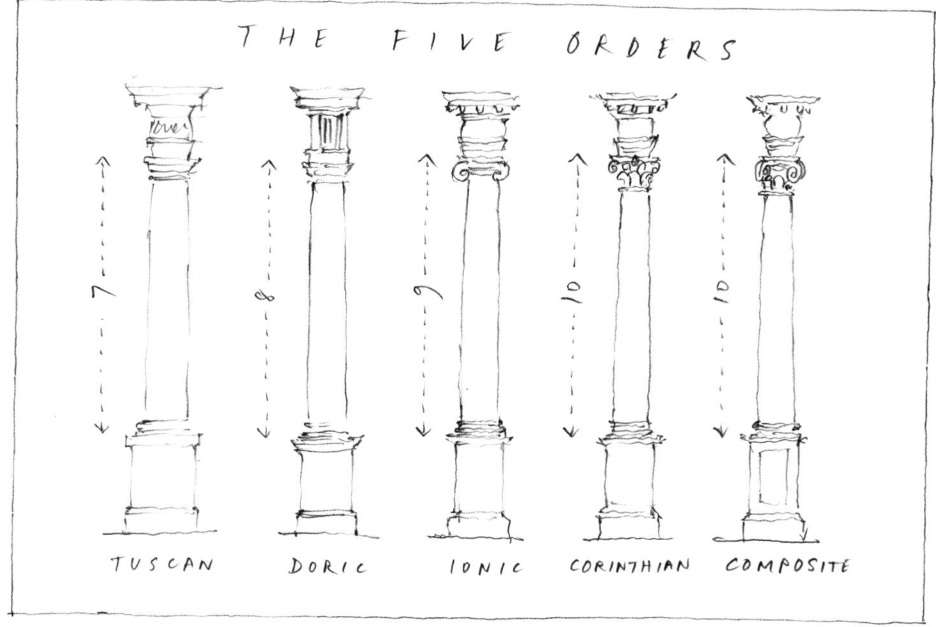




这个由柱宽做模数来决定建筑各部分比例的体系，为建筑设计提供了一项准则。这个蓝图对设计一所小房子和一座城市都是适用的，并使得建造一座完整的和谐的建筑成为可能。

许多古希腊的经典建筑被保留了下来，其中最著名的是建于雅典的雅典卫城，它是古典时期的标志。雅典卫城是一组以壮丽的帕提农神庙为中心，将单独的建筑有力地组织在一起的建筑群。建筑的灵魂所在是圣堂中高大的（16米高）由象牙与黄金制成的雅典娜神像，它是雅典的守护神。虽然只有为数不多的人有特权瞻仰这座神像，但是仅这座建筑的外形就是人民与国家的骄傲。

帕提农神庙的中楣，即柱子以上环绕着建筑的雕塑图案被认为是古往今来艺术史上最精美的作品的一部分。现在争议的焦点是如今被陈列在大英博物馆里的这些雕塑，其坚硬的大理石上精确地雕刻出长袍的褶皱，向世人逼真地展示了每四年一次的雅典大祭。这也证明了古希腊人对于人体的观察与理解的价值。

古典时期还产生了城市设计。像米利都城与普南城这样的城市，公共准则已经影响到居民住宅与重要的公共建筑的设计，如市政大厅和竞技场。它们都是仔细地按照城市网格布置的。城市设计首先要考虑货物的交易和思想的交流，“集会”或市场也许被认为是希腊城市的公共中心。

另外，古希腊的建筑师还发明了可以容纳5000人的圆形剧场，并为观众提供完美的视觉与声音效果。这些剧场的建造品质是今天许多建筑师都很难实现的。

# 中世纪

随着古罗马帝国的灭亡，西方文明陷入到一片混乱当中，这个黑暗时期的标志是从区别于古典时期的另一个视角去品评建筑。出于对周围世界的不解与困惑，还出于对自己理解世界的能力的怀疑，人们开始信赖支配世界的客观根源。由于这个原因，中世纪的人们转变了将神看做事物本源的观点。



## 哥特式建筑

大多数中世纪建筑的根本创作目的是向许多不识字的群众讲述圣经故事。为了达到这个目的，中世纪大教堂创造了独特的形式，即减少结构构件，利用彩色玻璃使神的光芒与上帝的旨意照亮室内空间。

除此之外，对逃离前世苦难的愿望与在天堂中寻求安慰的向往使得建筑形式向着垂直线条方向发展，这样更有利于人们同上帝的交流。哥特式建筑的鲜明特征是大量使用尖角拱券和建于建筑外部的飞扶壁，这些都引导人们向天堂的方向观看。这方面精彩的例子有圣沙佩勒教堂，它位于法国巴黎西岱岛并且毗邻另一座伟大的哥特式建筑——巴黎圣母院。垂直的特点能够从建筑外部曾经作为朝圣灯塔的尖塔看出（反映了人们的信条，塔越高代表城市人们的信仰越虔诚）。

哥特式建筑同样也采用一种精确的并且通常是复杂的几何图案，这种从大自然中吸取灵感的神圣比例表示了对造物主的敬意。

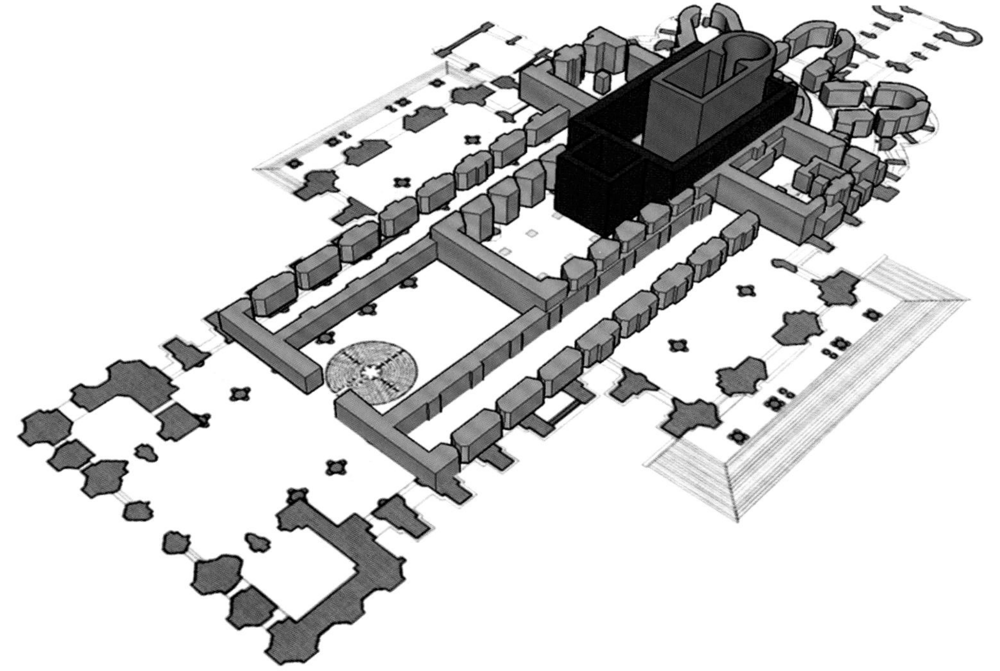



古典建筑的时期已过，并由哥特式建筑取而代之，后者有很强的地域性，在设计中运用当地的思想，使用当地的材料并且一般都选择木构架体系。在使用原始方法的同时，灵巧的中世纪工匠们发明出许多精妙的技术，创造了这个时期的建筑风貌。通过在建筑形式上对当地材料的使用，建筑呈现出与周围环境的紧密联系。这种方法近来又被“绿色”建筑运动重提。

除此之外，这一时期对乡镇和城市发展的破坏也导致了混乱无序的城市规划，但是却赋予了许多城镇特殊的魅力与特点。在中世纪晚期，交易行为的日益兴起促使人们重新关注建筑的坚固性。这种做法在最小建筑体量上的活跃表现，能够在许多省级城镇的市场交叉口上找到。而与此对应，在最大建筑体量上的表现也能在许多中世纪最壮丽的建筑中发现，包括意大利威尼斯的总督府，它是为数不多的装饰水平能与中世纪大教堂相媲美的建筑。

**1. 沙特尔大教堂的历史演变**
**艾玛·里达尔，2007年**
这张图片说明了沙特尔大教堂是如何从内部为早期高卢罗马人礼拜堂（建于公元500年）的建筑，发展成为现在的哥特大教堂（建于公元1260年）。每一个新加建的部分都把原来的建筑包裹起来。

1

# 文艺复兴

在建筑史上极少能发生如14世纪早期的意大利这样的根本性剧变。



## 人文主义

这个时期表现出对中世纪墨守成规的抵制和对古典建筑重新燃起的热情。在欧洲，有一些建筑师了解哥特式建筑，但同时也对古罗马帝国时期的建筑记忆犹新，他们开始重新考虑建筑的经典语汇。这支调查队伍在佛罗伦萨聚集，因为这里生活着富有的和自信的商人，如美狄奇家族这样的银行家族新贵，他们资助一小群已经重新发掘古典建筑的价值并且在建筑设计中实验性地运用经典语汇的建筑师们。

对于早一代的建筑师来说，古典时期的作品更多地是向他们展示了一种形式与复杂性，而不是体验。新的试图理解古典建筑的敏感性应该源于人们推理的准确性与通过观察思索来理解世界的能力，而不是源于任何无意义的猜测。

**伯鲁乃列斯基（1377～1446年）**

伯鲁乃列斯基生于意大利的佛罗伦萨，最开始被作为一名雕塑家进行训练，后来与多纳泰罗一起在罗马学习雕塑与建筑。在1418年，伯鲁乃列斯基赢得了在佛罗伦萨设计佛罗伦萨主教堂的竞赛。他的设计是建造那个时代跨度最大的最伟大的穹顶。伯鲁乃列斯基的佛罗伦萨主教堂由一系列分层的穹顶组成，而且它们之间的空间很大，足够人在其中穿行。他同时也负责发明新的器械来辅助建造的各个过程，从吊起巨大的重量到更好地理解透视。

2



莱昂·巴蒂斯塔·阿尔伯蒂在他的著作《建筑十书》中赞赏了这种充满智慧的途径，同时宣布了对古典世界的新发现。在这本书里，他将理想形式所蕴涵的完美数学法则视为上帝神性比例的对照，同时提出平面是集中的，对称的教堂比人们熟悉的在哥特式建筑里经常使用的拉丁十字形式的教堂要更为理想。这个理想直到若干年后米开朗基罗在罗马设计的圣保罗大教堂中才得以实现，这也算是阿尔伯蒂在建筑学理论方面的影响力的见证。

也许意大利文艺复兴时期最强有力的标志之一就是伯鲁乃列斯基在佛罗伦萨设计的佛罗伦萨主教堂穹顶，跨度达42米宽的穹顶的建成是前所未有的。伯鲁乃列斯基提出了一个巧妙的想法，即在穹顶的底部套上一道巨大的铁链以抵挡穹顶的侧推力。伯鲁乃列斯基修改了哥特式教堂的平面，以此来创造一个半圆形的拱廊。拱廊由在圣斯皮里托教堂中使用的古典柱式来支撑。在伦敦育婴堂前面的特别拱廊中也使用了类似的形式。通过这种方式，他巧妙地重新诠释了古典语汇，修改了古典建筑中的东西以便适应现代建筑类型。

**1. 佛罗伦萨主教堂（百花大教堂）**
**佛罗伦萨，意大利**
**伯鲁乃列斯基，1417～1434年**
这个八角形的穹顶统领着佛罗伦萨主教堂。伯鲁乃列斯基说他的灵感来自于万神庙的双层墙身。这个有特色的双层墙面八角形穹顶坐落在一个鼓座上，而不是直接与屋顶相连，这使得整个穹顶的建设没有用到从地面支起的脚手架。这个巨大的建筑重达37000吨，总共用了超过400万块砖。

**2. 新圣母玛利亚教堂立面**
**佛罗伦萨，意大利**
**莱昂·巴蒂斯塔·阿尔伯蒂完成，1456～1470年**
这个建筑是独一无二的，因为它所有的体量之间都严格遵守1:2的比例。

1

**1. 卡比托利欧广场，罗马，意大利**
**博那罗蒂·米开朗基罗，1538～1650年**
这个空间被设计成一个椭圆形的庭院。米开朗基罗同时也在广场两侧设计了两座建筑来创造一种加强的透视感。在卡比托利欧广场的中心立着罗马皇帝马库斯·奥瑞利斯的骑马青铜像。米开朗基罗设计的广场在城市设计的角度上将几何学、流线与纪念碑紧密地结合成一个整体。

**2. 罗马的草图**
在参观一个城市的时候，对吸引人注意和有趣的建筑进行速写，能够帮助人们快速理解它们的建筑细部和结构。

2

## 米开朗基罗



随着意大利文艺复兴的发展，建筑师的创作自信慢慢彰显出来。乔治·瓦萨里的著作《名人传》在文艺复兴的后期或盛期出版，这本书推广了这样一个观点，即建筑师是一个具有创造性的天才，一个比其他人更有才华的人。

米开朗基罗意识到他有很强的创造力，因此他思索着自己的想像，而不是到外面去四处画画寻找灵感。通过这种做法，他就能够以一种特殊的视角去理解建筑的经典语汇，从而掌握并冲破那些特定的法则。在由他主持设计的著名的佛罗伦萨劳仑齐阿纳图书馆前厅和阶梯部分上能够明显地看到这一点。

在这里，米开朗基罗对以前使用过的建筑手法表现出了质疑。他不但打破传统的人字形入口，对其在历史中所扮演的建筑角色表示质疑，而且还转换了柱子的角色，将它们从墙中凿切出来。

米开朗基罗将建筑向装饰丰富与变幻多端的方向推动。由他设计的作品能够唤起人们的各种感受，带给人一种戏剧性的感觉。在那个时代，对古典建筑的重新发掘使人们养成了一种怪癖（一种在体量透视上扭曲变形，颜色上明亮艳丽的风格），并最终转向富丽颓废的洛可可式风格——建筑与城市空间都被描述成了城市生活的戏剧背景。但这个转变并不比米开朗基罗对罗马卡皮托林山的改建更加明显。在这个改建项目上，米开朗基罗挑战了透视学上既定的法则，并且使各个内容相同的建筑以各种体量展现出一种相互竞争的状态。

## 巴洛克时期

18世纪的早期，历史见证了一段新的理性时期的出现。哥白尼、开普勒和伽利略推翻了基督教宣扬的深入人心的地球中心论，并且进一步问到：如果地球与人类不再是宇宙的中心，那么还有什么确定的信条能够经得住考验呢？这个观点引起了学术理论上的大爆炸，人们纷纷寻求建立新的法则来解释慢慢被社会认可的“机械式宇宙”论。



**克劳德·尼古拉斯·勒杜（1736～1806年）**

勒杜是一个法国新古典主义（使用原来古希腊与古罗马的经典形式）建筑师，他参与设计了许多梦幻般的纪念性工程，如法国阿尔克—塞南皇家盐场和法国贝桑松剧院。受古希腊古典建筑的影响，勒杜有为社会建造一个乌托邦城镇的理想。

**艾梯也那·路易·布雷（1728～1799年）**

出生于巴黎的布雷参与设计了包括国家图书馆在内的许多城市大型标志性建筑。此外，他还设计了许多从未被实现的空想建筑，如牛顿纪念碑——一个完整的球形建筑。布雷也撰写了许多关于建筑艺术的有影响力的评论，这些都推进了新古典主义建筑的发展。

1

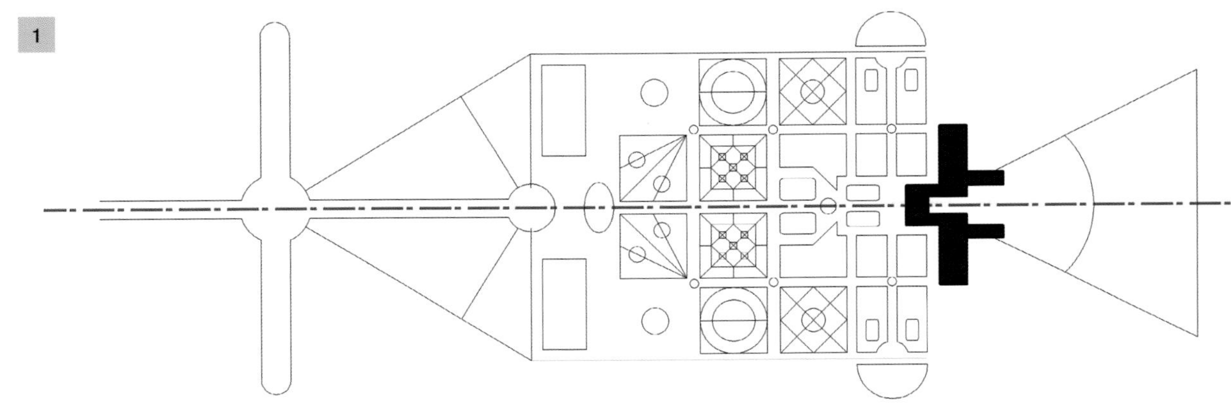

## 理性主义建筑



通过减少建筑的各种元素，最终实现一种最简洁的状态，这是劳吉埃寻求确立的建筑学基本原则。由这套理论发展出来的模式在建筑设计中被广泛应用。

像勒杜和布雷这样的建筑师在设计实践中创造了形式上绝对理性的纯净的建筑。所谓的理性主义建筑起源于笛卡尔的理性哲学，旨在通过建立逻辑演绎的方法来设计绝对准确的建筑。布雷的设计不计其数，建成的却寥寥无几。但是在为数不多的建成建筑中，他为艾萨克·牛顿爵士设计的纪念碑成为了那个时代的标志。同样，勒杜为巴黎设计的税卡(译者注：一种兼具城关和税务功能的关卡)与为大部分是理性城市规划的阿尔克—塞南皇家盐场设计的放射状城市也都很成功，而后者决定了城市设计发展的未来。

**1. 对称理性的凡尔赛宫平面**
这张图清晰地表明了凡尔赛宫与花园通过一条中轴线相连的关系。宫殿与花园都是轴对称图形。凡尔赛宫由建筑师路易·勒伏设计，花园由景观园艺师勒诺特设计，设计始于1661年。

**2 凡尔赛宫，巴黎，法国**
**路易·勒伏，1661～1774年**
凡尔赛宫原来是国王的猎庄，经过连续几任法国国王的不断扩建，由路易·勒伏在1661年设计建造成今天的形式。它由建筑师与景观园艺师共同设计，因此建筑与景观之间有很好的联系。经过设计师对视线与轴线的认真推敲，室内外被紧密地结合起来。

**伊尼戈·琼斯（1573～1652年）**

琼斯出生于英国，最开始学习古典建筑，后来到意大利游历，深受16世纪建筑师帕拉蒂奥的影响。帕拉蒂奥是文艺复兴时期著名的建筑师，他在1570年出版的《建筑四书》里分析并解释了古典建筑。琼斯发展了一种帕拉蒂奥风格，对古典建筑进行阐释。

在英国，他最具影响力的建筑是格林威治的女王行宫、白厅的国宴厅和在伦敦设计的柯芬园。

**克里斯多佛·雷恩爵士（1632～1723年）**

雷恩在牛津大学修过天文学与建筑学，1666年的伦敦大火给了他参与重建工作的机会。

他主持设计了伦敦的圣保罗大教堂，参与了51座教堂的重建，并且设计了汉普顿宫和格林威治医院。

**尼古拉斯·霍克斯穆尔（1661～1736年）**

霍克斯穆尔协助雷恩设计修建了圣保罗大教堂、汉普顿宫和格林威治医院。他也帮助范布勒爵士设计了邱吉尔庄园与霍华德城堡。

霍克斯穆尔借鉴古典建筑风格，并将其加以研究形成自己的风格。



理性主义建筑作为一种经典的建筑形式通过伊尼戈·琼斯的作品传遍欧洲。学术革命后紧接而来的政治革命引来查尔斯一世的斩首，就在由伊尼戈·琼斯设计的国宴厅门外。

克里斯多佛·雷恩爵士在1666年的伦敦大火后的重建工作中设计了许多当时流行的启蒙主义建筑。由尼古拉斯·霍克斯穆尔设计的圣保罗大教堂的穹顶和环绕的尖顶像一座智慧的灯塔，照亮了时代发展的道路，预示着伦敦衰败的中世纪木构架建筑将退出历史舞台。理性主义建筑给城市带来了一种全新的形式，随之而来的还有一丝优雅。

1

**1. 圣保罗大教堂，伦敦，英国**
**克里斯多佛·雷恩爵士，1675～1710年**
现在的大教堂是在伦敦大火将原教堂焚毁后建造起来的。圣保罗大教堂的穹顶是伦敦天际线上重要的一笔，是视觉中心，是城市的标志。

2



但是，随着18世纪的到来，大不列颠王国经验主义哲学的兴起带来了一种与理性主义全然不同的建筑思潮。真理从感官经验中得来（而不是从理性思考中得来）的观念带来了第一个真正给人以强烈感染力的环境景观设计。“万能的”兰斯洛特·布朗在花园设计中遵循巧妙的规划、丰富的种类和互相对比的信条，而由亨利·霍尔在斯托海德设计的花园将这个设计理念表现得淋漓尽致。

**2. 斯托海德花园，威尔特郡，英国**
**亨利霍尔二世，1741～1765年**
斯托海德花园的设计与法国井然有序的设计风格存在着强烈的对比，后者偏爱使用轴线去组织景观和流线。霍尔的手法是赞美自然。斯托海德花园是一组人造景观，人们在曲折的小径上行走，不经意地一瞥会看到隐藏其中的洞穴之类的景观。

**“万能的”兰斯洛特·布朗（1716～1783年）**

“万能的”兰斯洛特·布朗是一个有影响力的英国景观建筑师，他完成了许多重要的18世纪房屋，并通过对景观的设计来补充建筑。布朗在白金汉郡的斯托镇开始他的职业生涯，他的工作包括花园设计和牛津郡的布伦亨皇宫建设。他的设计手法是创造一种包含新景观的经典环境设计，在这里有草地、树林、湖与寺庙。这样做的结果是创造了一种自然景观的幻象，虽然其中的每一处都是经过认真推敲由人工完成的。

# 现代主义

启蒙主义运动伴随着政治革命兴起，而现代世界则是源于另一种革命：工业革命。18世纪末蒸汽机的发展使占人口绝大多数的农业人口转变为城市人口，并且使以工业为中心的城市得到了迅猛的发展。



## 铁与钢

工业革命的新材料，例如锻造的铁与钢，被迅速地应用于建筑施工当中。这个发展标志着一个巨大的转变：从需要定制的、沉重的、大荷载的结构转为轻质的工厂制造的建筑零件。整个世界通过举办一系列的展览会来欢庆这些新事物的诞生。绝大多数知名建筑被展于1851年的伦敦展览会和1855年的巴黎展览会。在伦敦，展览会的举办地点是巨大的由定制结构建造的水晶宫。

由约瑟夫·帕克斯顿设计的水晶宫以预制铁铸网架作为标准构件，在铁铸网架之中嵌入玻璃。整个建筑就好像一个用巨大构件组装起来的温室。帕克斯顿的水晶宫在这些新材料的使用上还是遵循了它们自身的限制，借鉴原来的传统形式，并在结构组织上重新定义了它们。

在巴黎，新材料应用的辉煌成就体现在使建筑高度达到了前所未有的程度。埃菲尔铁塔以312米的高度突破了巴黎的天际线，它的结构框架也成为以后出现的高层建筑与摩天大厦的前身。

但是真正用于建造实际建筑的时机却是首先出现在美国。发生于1871年的大火烧毁了芝加哥大部分的建筑。面对着城市空荡的版图，芝加哥的建筑师们再次使用了框架结构作为建筑的结构体系，但是这次他们使用了钢，钢远比铁更加坚韧。钢材被用来建造了世界上第一座高层建筑。

提出“形式追随功能”口号的路易斯·沙利文也许是现代建筑的第一位大师。由他设计的CPS百货公司大厦（芝加哥）是一个简洁的、摒弃多余装饰的框架建筑。这在众多古典样式的城市建筑中是一个巨大的突破。

**约瑟夫·帕克斯顿（1803~1865年）**

帕克斯顿是一位英国建筑师，同时也是一位杰出的园艺师。从德比郡的查特斯沃思庄园的设计可以看出他在框架玻璃结构方面的造诣。依照这方面的经验，帕克斯顿为1851年的伦敦展览会献上了水晶宫。

这个工程是那个时期在应用玻璃与钢材方面的全新尝试，创造了前所未有的体量。水晶宫是公认的一座现代建筑，但是在展览结束后被移至伦敦南部的西德纳姆。

**1. 柯尔布鲁克代尔铁桥，英国**
**普里查德，1777~1779年**
世界上第一座铸铁桥修建于英国柯尔布鲁克代尔的塞文河上，由亚伯拉罕·达比三世设计，现在是公认的工业革命的伟大标志之一。这座桥对当地的社会与经济，对桥的设计，对铸铁在建筑上的应用都有着深远的影响。它象征了18世纪新技术和新机器的巨大潜力。这座桥打破了人们惯有的桥是由沉重的石头建造的观念，而代之以轻快、优雅并几乎通透的形象。



1

1

2

## 52 玻璃与混凝土

与铁与钢一起，另外两种材料也登上了现代建筑运动的历史舞台：玻璃板与加强混凝土。新的浮法玻璃产生，密斯·凡·德·罗从中看到了用其作为设计手法的可能性。这种新技术可以制造一种材料，能够真实地反映其结构，并能宣扬一种开放的精神——而这正是20世纪乌托邦时代的标志。密斯·凡·德·罗设计的巴塞罗那展览馆是1929年在加泰罗尼亚建造的展览性建筑，他将结构精简到只有支撑一个平屋顶的一排柱子，由玻璃做成的非承重墙和用来划分室内空间的大理石薄板。基于创造室内外连续空间的理念，密斯·凡·德·罗想打破历史建筑的室内空间模式——由厚重的承重墙分割成一间间屋子，在墙上开一个个小孔洞形成门与窗。他创造了一种开放性的平面，在这种平面里，建筑中的空间与空间之间不是闭合分开的，不受墙体与结构的束缚。这是一种“新”的建筑：开放、明亮并且优雅。

**路德维希·密斯·凡·德·罗（1886～1969年）**

密斯·凡·德·罗出生于德国，是在包豪斯学校（参见144页）成立的小组成员之一。他是一位建筑师、教师、家具设计师和城市规划师，质疑关于设计的方方面面。密斯·凡·德·罗还质疑墙、地板和天花板的做法，将建筑语汇完全改成点与面。

密斯·凡·德·罗的代表作包括巴塞罗那展览馆和纽约的西格拉姆大厦。因为对于材料的运用和对于后来的建筑形式具有启发性的作用，所以它们是20世纪最重要的建筑中的两个。

**1. 海德马克博物馆，哈马尔，挪威**
**斯维尔·费恩，1967~1979年**
这个建筑的流线为贯穿玻璃墙和门的一条混凝土通道，营造出内部和外部空间之间的一个无形的入口。

**2. 伦敦动物园的企鹅水池，伦敦，英国**
**莱伯金与特克顿，1934年**
在这个水池的设计中有一个用加强混凝土修建的坡道，它构成了连接两个平面的雕塑性元素，并且在结构方面和动态学方面展示了混凝土的潜力。

**3. 巴塞罗那展览馆（室外），为1929年的巴塞罗那国际博览会建造**
**路德维希·密斯·凡·德·罗，1928~1929年**
展览馆建筑的组成包括由8根钢柱支撑的一个平屋顶、玻璃幕墙和几面隔墙。建筑给人的总体印象是垂直相交的平面在三维空间上形成一个安静华贵的空间。展览馆在博览会结束后被拆除，但是后来在同样的地点人们又重建了一个完全一样的复制品。

3

1. 模度



**勒・柯布西耶，1943～1947年**

勒・柯布西耶在他为了建筑的均衡比例而创立的模度体系中直接使用了黄金分割（参见123页）。他将这个体系看成是对前人的一种继承，包括莱昂纳多・达芬奇的维特鲁威人，还有其他使用人体各部分的比例来发展出建筑外形和功能的建筑师们。除了黄金分割，勒・柯布西耶在他的体系中还加入了人体的尺寸、斐波那契数列和双向体系。他将达芬奇关于人体的黄金分割理论作为落脚点，画出人模的剖面，将黄金分割应用于整个人体模度体系中。

1

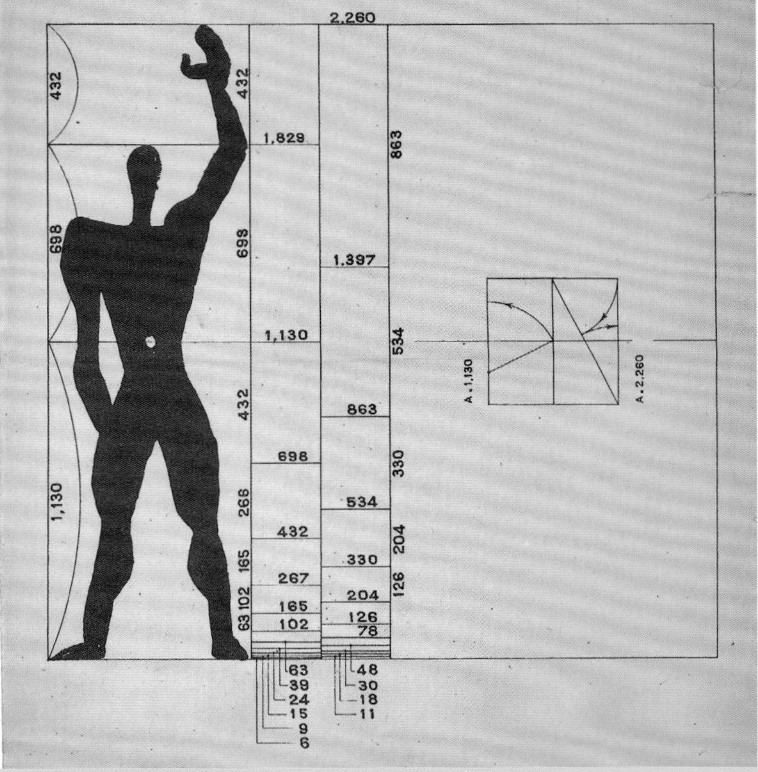




## 纯粹主义

在现代主义运动时期，瑞士建筑师勒・柯布西耶（曾用名查尔斯・爱德华・让雷内）确立了建筑的原则，这是对文艺复兴时期思想与信条的回应。这些主导法则很少对形式方面做出规定，更多地是确立建筑发展的方向。

勒・柯布西耶对建筑学另一个重要的贡献是他的模度体系。这个体系是对莱昂纳多・达芬奇、雷欧・巴蒂斯特・阿尔伯蒂和其他有相同研究的建筑师的一种传统上的继承，它指出建筑需要以人体的比例为设计的出发点。模度的概念创造了通过人体测量来确定形式与空间的设计方法。这套体系指导并宣传了勒・柯布西耶对于家具、建筑与空间的设计理念。

**现代主义建筑特点**

1. 底层架空柱：将建筑从地面上抬起的柱子。

2. 自由平面：通过承重柱与划分空间的墙体相分离来实现。

3. 自由立面：自由平面作用在垂直面上的结果。

4. 横向长窗。

5. 屋顶花园：将建筑占据的地面又还给了大地。

**2. 施罗德住宅，乌得勒支，荷兰**
**盖里特·里德维尔德，1924～1925年**
施罗德住宅宛如一个在三维空间上的谜。它在空间部分与各个连接部分都有水平与垂直方向上的组织，并用颜色区分水平与垂直的板。室内墙板的交错排列形成了比原来更大的室内开放空间。房间里每一样东西都是重新设计的，所有的起居活动都经过了观察分析并对之进行设计。浴室的设计需要特别关注，它直接面对着食品橱柜，没有任何遮掩。睡觉、坐立和生活在一个空间中相互交织。这是一个关于空间、形式和功能的实验。

2

## 风格派

在20世纪由荷兰艺术家发起的运动中，风格派开始将凡·杜斯堡这类艺术家的思想与物理上的空间概念结合起来。在风格派的运动过程中，凡·杜斯堡发现了一种关于表皮与颜色的空间观点。同样，盖里特·里德维尔德在他的家具和建筑设计中也发展出一套关于空间、形式与颜色的理论。

风格派的支持者们致力于表现一种精神层面上的和谐与秩序的理想化状态。他们提倡通过对形式与颜色的精简来达到纯粹的抽象性与普遍性。他们在水平与垂直方向尽可能地简化能看到的事物，并且除了黑与白，只用纯色。

**凡·杜斯堡（1883～1931年）**
凡·杜斯堡是风格派运动的奠基人之一，这个运动关注对艺术与建筑本质的思考。出于对颜色和形式抽象性的兴趣，风格派使用一套联系颜色与平面的视觉代码。原色与黑白两色都被运用于艺术和建筑上，以此来探索空间和形式。

# 案例分析：博物馆重建

项目：新博物馆，博物馆岛，柏林

建筑师：大卫·奇普菲尔德建筑事务所

客户：普鲁士文化遗产基金会

地点/时间：博物馆岛，柏林，德国，1997~2009年

这一章阐述的是关于历史、先例，以及它们是如何形成建筑理念和项目的。建筑师大卫·奇普菲尔德为柏林设计的新博物馆方案是博物馆岛建筑群体的其中之一。这些建筑在1840年到1859年间建成，该场地在被二战破坏之后一直处于半废弃的状态。

在这个场地上建造新的现代建筑项目，需要对场地进行认真解读和理解，以保证新建筑不破坏原有场地的历史完整性和特性。

项目的主题是如何重建原有的场地，以及恢复原始的空间和体量。同时，新体量与原有建筑元素之间的可识别性也是同样重要的，这样才不至于将新建筑元素混淆为原有建筑的一部分。



1

2

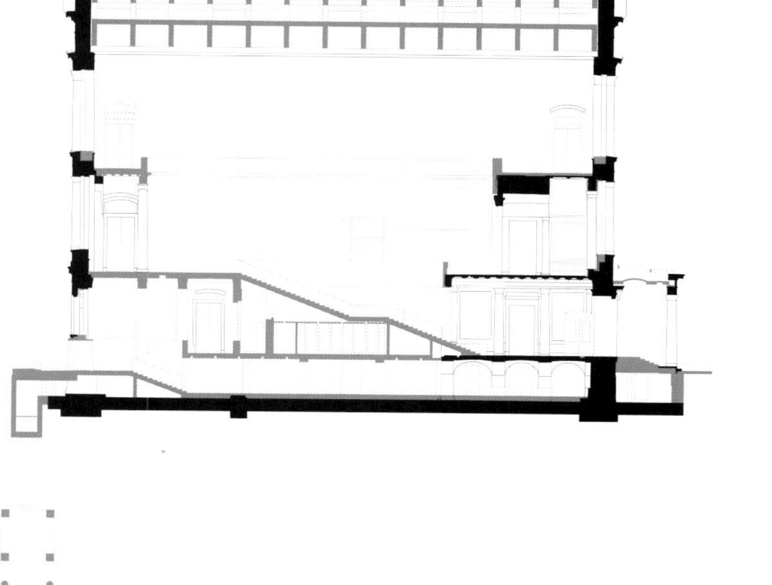

3

4

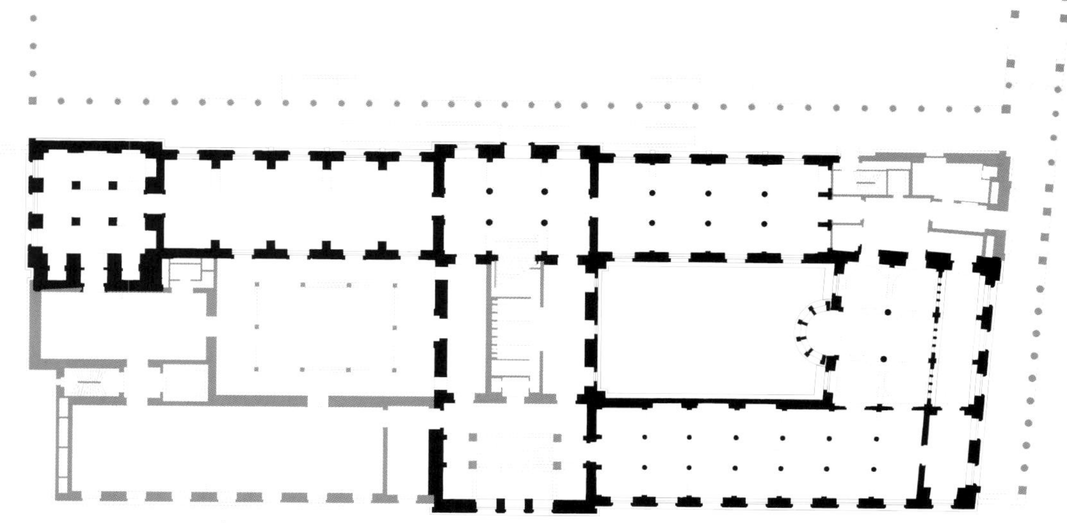

1. 新博物馆的西立面
2. 楼梯大厅剖面图
3. 大卫·奇普菲尔德的概念草图
4. 一层平面图

一层平面图展示了主入口和庭院。
黑色表示原有的建筑结构，灰色表示新增的建筑结构。

在项目展开之前，必须对原始建筑的重要部分和特征进行考古学调查。展览室的新建空间采用了大体量的预制混凝土元素，以白色水泥混合白色大理石碎片制成。新楼梯延续了原有风格，但并非生硬地复制，人们可以直观地看到新楼梯与原有楼梯之间的不同之处，这是现代建筑语汇的一部分，是现代形式的嵌入。

建筑的一部分区域被保存下来，作为对空间的一种诠释，将旧建筑和新建筑，包括石柱廊和裸露在外的墙体在建筑内部联系起来。

设计任务要求在修复的同时保留大部分由石材建成的原有建筑的物理特征。在修复的建筑中仍然可以明显地看出战争对建筑的毁坏，包括弹孔在内的痕迹都是历史的一部分。

这个建筑在2009年对外开放，展出了埃及博物馆以及史前和早期博物馆的藏品。

**1.&2.楼梯大厅**
位于门厅之内的新楼梯（用大尺度的预制混凝土和大理石骨料制成）与之前的楼梯有异曲同工之妙，但并非单纯模仿。宏伟的门厅以砖墙的形式保留下来，并去除了原有的装饰。

2

# 第二章

## 练习：天际线

城市的历史可以在很多层面上得到展示，其中之一就是通过鸟瞰的方式。城市涵盖了许多不同时期的建筑，呈现了数个世纪以来的发展。一座城市的天际线通过材料和形式的变化表达了它在结构、功能和场所方面的改变。

我们尝试着去理解作为城市特征一部分的天际线，分析这座城市和其建筑是理解一处场所历史发展的有效方法。

练习：

1. 拍一张某城市天际线的照片。可以在城市的有利地点俯拍，也可以由一系列照片组成，并通过Photoshop等软件处理。

2. 找出照片里具有历史重要性的建筑，从而理解各建筑的建筑形式。

3. 用高亮标注这些建筑。尽可能地了解这些建筑，通过在线观看当地博物馆和图书馆的方式查找信息。

4. 如果城市景观可以被描述为“地平线”，那么就有利于单独调查这些建筑的材质及其历史地图，从而理解这座城市在过去一段时间内是怎样发展的。

试着选择一处新旧建筑混合的区域，并根据年代对它们用颜色进行标注和排序。这样有助于你认识所选择的城市的历史形态。

**1. 巴塞罗那的天际线**
这张巴塞罗那的图片展示了城市全景图和草图，并标注了天际线中的重要部分。

exercise

图例

20世纪以前

1900~1990年

1950~2000年

# 第三章
# 构　造

构造是有关建造建筑的实体和材料。建筑可以从宏观角度上被视为由屋顶、墙体和楼板构成的结构框架，但同时也要被认为是一系列用来解释建筑各部分如何合并统一的细节。举例来说，经过设计的通风、采暖和光照系统使建筑能够运营并具有高效的功能，同时还创造出了可调节的、舒适的室内环境。建筑基本上可以被看做是一种机器，通过一系列相互依存的部件和系统的共同作用使其具有功能并可居住。

**1. 米拉公寓，巴塞罗那，西班牙**
**安东尼·高迪，1912年**
高迪在设计米拉公寓时考虑到了巴塞罗那夏天炎热的天气。他设计了通风塔楼从而让清新的空气从塔顶向下进入到建筑的生活区。高迪将创新结构技术研究与可用材质结合起来，提出了能够解决简单问题的、具有视觉效果和实用价值的解决方案。

1

# 材料

构造技术和系统是多种多样的，但每一种都是由其使用的材料形成的。

本节主要介绍在构造中使用的典型材料，展示其如何提供肌理、形式和建筑的特殊定义。

## 砌体

砌体是典型的来自于地表的构造材料，比如砖和石。在构造中，砖是一种堆叠的材料。通常，较重的砌块放置在较低的层面，较轻的则竖向应用于从基础到屋顶。某些砌体构造是模数化的，因此需要用特殊的方式表现出来。比如，在砖墙上开洞，就需要能够支持上方的砖砌体。特殊砌体（楔形或圆锥形的砖或石）用于建造砌体墙上的拱门，并提供所需的支撑。掌握砌体的性能对于了解使用这种材质的建筑十分重要。比如，砖需要交替地堆叠，如果没有多样的堆叠过程，墙体就会不稳定甚至倒塌。

不同的堆叠格局和不同颜色的砖使墙面具有不同的效果。实际上，当达到某一特定高度时，砖墙需要额外的支撑，否则它将不稳定。同样，它还需要大量支撑来保证基础的稳定。这些关注点最终形成了建筑设计。

**1.石材立面**
这个立面用石材建成，并包含了大量的古典元素以及复杂的雕刻细部。

**2. 砖屋，伦敦，英国**
**卡鲁索·圣约翰，2005年**
内外楼板和墙体都由砖建造。整个建筑都受一种材料的制约。在砖缝间抹上灰泥使表面能够伸缩、弯曲和扭曲，从而具有弹性和动态性。

1



## 混凝土

混凝土由骨料、碎石、灰泥、沙和水混合而成。原料比例不同的混凝土具有各自的强度。

大量用于重型结构的混凝土多数是粗犷的，但也能做得十分精细，日本建筑师安藤忠雄就开发出混凝土的一个特性。在他的建筑中，当浇筑混凝土时，使用遮板可以创造出建筑表面的纹理。遮板的木纹痕迹、模子上的螺栓或样板最终留在了墙面上，使墙面更具有质感。

有时，混凝土也采用钢筋加固，从而获得更大的强度和稳定性。强化混凝土能够跨越大跨度，并常用于道路建设、桥梁建设之类的工程项目上。应用于大尺度结构的强化混凝土也具有巨大的弹性。

法国建筑师奥格斯特·佩雷最先使用了强化混凝土。20世纪初，佩雷跟随柯布西耶和彼得·贝伦斯工作，他们都拥护“工业设计”。贝伦斯赞成工程师的理论：大规模生产、逻辑设计和功能重于形式。柯布西耶将在材料和风格上受到的佩雷和贝伦斯的影响结合起来，应用在1915年的“多米诺骨架”规划（参见72～73页）上。这幢房子采用强化混凝土并适宜大规模建造，但空间却十分灵活。因为墙不承重，所以居住者可以根据自己的需求布置。1923年出版的柯布西耶的著作《走向新建筑》阐述了他的基本观点：房屋是居住的机器。

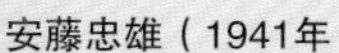

**安藤忠雄（1941年）**

安藤深受日本传统的对于建造材料的感知的影响。光和空间是他的作品的重要方面。安藤因其对混凝土的使用，以及平面、立面和剖面的简单几何形的应用而享有声望。

安藤推广了木遮板的使用，他将木遮板作为现浇混凝土（在现场浇筑的混凝土）模具或样板。在木遮板被移走后，木纹和螺栓孔仍然留在混凝土表面。这种表面效果是安藤作品的鲜明特点。

**1. 圣约瑟夫教堂，勒阿弗尔，诺曼底，法国**
**奥古斯特・贝瑞，1957年**
奥古斯特・贝瑞是众多热爱使用钢筋混凝土材质的建筑师之一，他使用了110米（361英尺）高的八角形穹顶来呈现材质的美感。这个塔楼由6500片彩色玻璃拼成，照亮了混凝土并且会随着光线的变化而呈现出不同的颜色。这个塔楼由奥古斯特・贝瑞设计，并在他去世后由其事务所的建筑师完成。

**2. Kidosaki House，东京，日本**
**安藤忠雄，1982～1986年**
这个建筑展示出安藤忠雄标志性的混凝土技术以及使用木遮板所产生的美感。用于固定木遮板的螺栓也在墙面上留下了孔洞。

1

2

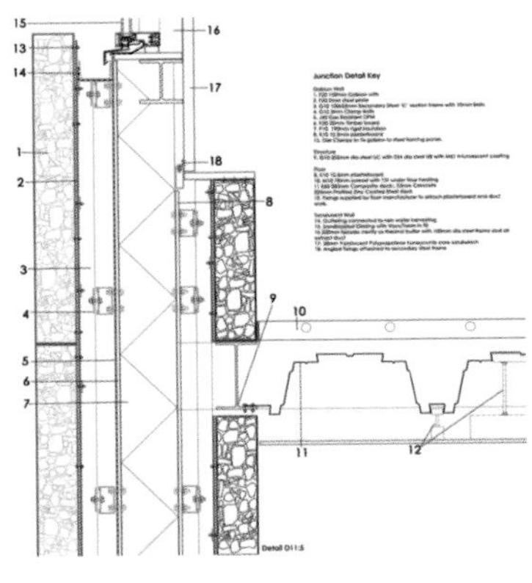

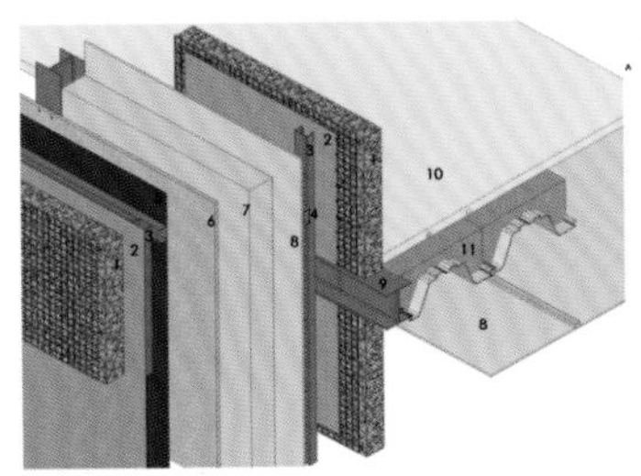



# 石笼墙和干石墙

石笼墙常用于阻挡土方或者改变道路建设的景观或者海防，本质上，一面石笼墙就是装满大石头的铁笼。在困难的地方它们非常容易建造，是快速组装并且天然的墙。石笼墙还经常作为建筑表皮层来营造美感。

干石墙用能找到的材料就可以建造。传统上用于划定边界线的墙是干石墙的前身。干石墙的建造不需要太多的技巧，而材料通常就是在当地找到的，这就不需要考虑交通运输方式。这种墙也非常容易维修。

**1.&2.石笼墙**
石笼墙的草图表达出了天然石材的肌理与铁丝支架之间形成的鲜明对比。细部图说明了它是如何建造的。

**3. 丘陵旷野网壳博物馆，西苏塞克斯，英国**
**Edward Cullinan建筑事务所，1996～2002年**
这是一个木框架网壳的实例。主体结构是由橡木板条（条状的木材）网状连接，逐渐地降低、弯曲，一直覆盖木板条。

**4. 传统的日本木框架房屋**
传统的日本房屋使用木材作为建筑结构框架。木框架使结构从地面升起。屋顶结构悬于主体建筑之上，用来遮挡阳光和防雨。在这个例子中，建筑师对材料的选择充分尊重了当地的传统。

木材不仅可以用于室外还可以用于室内。一些建筑使用木材作为结构或框架，内外的楼板和墙面的饰面。木结构建筑多是当地传统的原始部分。一座圆木小木屋是使用周围森林中的树木建造的，容易运输而且在现场可以迅速组装。

工作时使用木头并且建造大型木结构或者制作楼梯或门等室内部件的工匠，就是木匠。更为细致的室内家具则由家具木工制作。

木框架建筑因其材料尺寸的限制，通常尺度有限。木材被切割成标准的尺寸，与其他预先建造的构件（如门、窗）进行组装，这样便于运输和现场安装。

木材是各式各样的，有粗犷带木纹的，也有平滑精细的，选用哪种则要根据木材是在何处以及如何使用。木材是一种灵活而且天然的材料，它很轻巧而且容易在现场装配，其自然的颜色和纹理使其可以做成一系列的饰面。当使用木材时，一个重要的考虑因素就是确保有充足的来源并且要合理采伐。

4

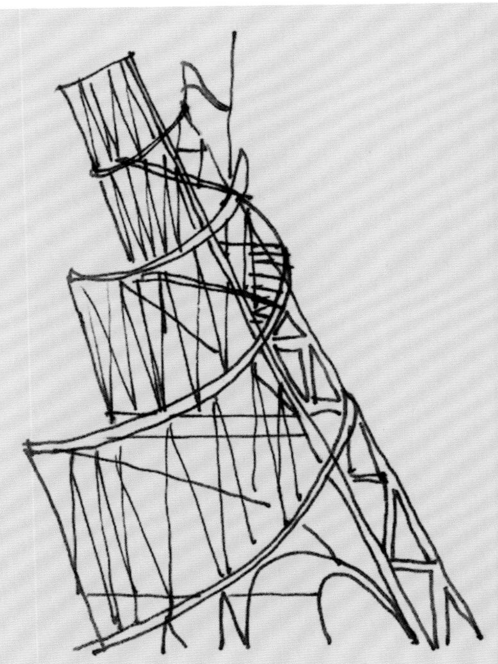

**泰特林（1885～1953年）**
泰特林是20世纪20年代的苏联先锋艺术运动的两大重要人物之一。泰特林凭借为第三国际设计的巨大纪念碑，即泰特林之塔而享有声望。泰特林之塔于1920年设计，被设计为一座高过艾菲尔铁塔的由铁、钢和玻璃建造的高塔（396米高，世界第三高塔）。其内部是铁和钢双螺旋结构，可以把它想像成三块上面带有玻璃窗并能够以不同速度旋转的积木（第一部分，立方体，一年转一周；第二部分，四棱锥体，一个月转一周；第三部分，圆柱体，一天转一周）。

这个方案于1917年提出，其原本拟建在当时的彼得格勒市，即如今的圣彼得堡，但是由于材料的稀缺以及对其建筑结构实用性的怀疑，建筑最终没能建成。但是，它的1：42比例的模型在伦敦皇家艺术学院建成，并在2011年11月展出。



## 铁和钢

铁和钢（铁与碳等其他元素的混合物）可以用来建造支撑建筑的轻型框架，或者覆盖一座建筑形成金属饰面，从而使其具有特色和耐久性。

铁框架建筑从19世纪工业化时期开始流行，像伦敦的水晶宫和巴黎的艾菲尔铁塔的结构挑战了结构的尺度。新潮的概念如泰特林之塔则展现了宏伟的结构，在金属框架中行走的人们可以看见大厅的状态。

19世纪的观念和建设使美国和亚洲大量铁框架建筑的建造达到了前所未有的高度。重要的实例有纽约的克莱斯勒大厦，以及20世纪最高的建筑——吉隆坡的双子塔。

铁解放了建筑形式，使摩天大楼的建造成为可能。它是一种具有极好弹性和耐久性的材料。它能够在厂外加工，单独的部件可以装配在一起。此类材料能够使建筑工程技术达到极限，并且使令人印象深刻的结构创作能够承受各种自然力。

1

**1. 艾菲尔铁塔，巴黎，法国**
**居斯塔夫·艾菲尔，1887～1889年**
艾菲尔铁塔由少数预制铁构件建造，作为临时建筑用来庆祝法国工程技术的发展。

**2. 德国国会大厦，柏林，德国**
**诺曼·福斯特，1992~1999年**
新国会大厦以其1894年最初的规模为蓝本设计，并在原有建筑之上建造了穹形圆顶结构。大玻璃穹顶由钢结构支撑，可以饱览整个柏林全景。

2

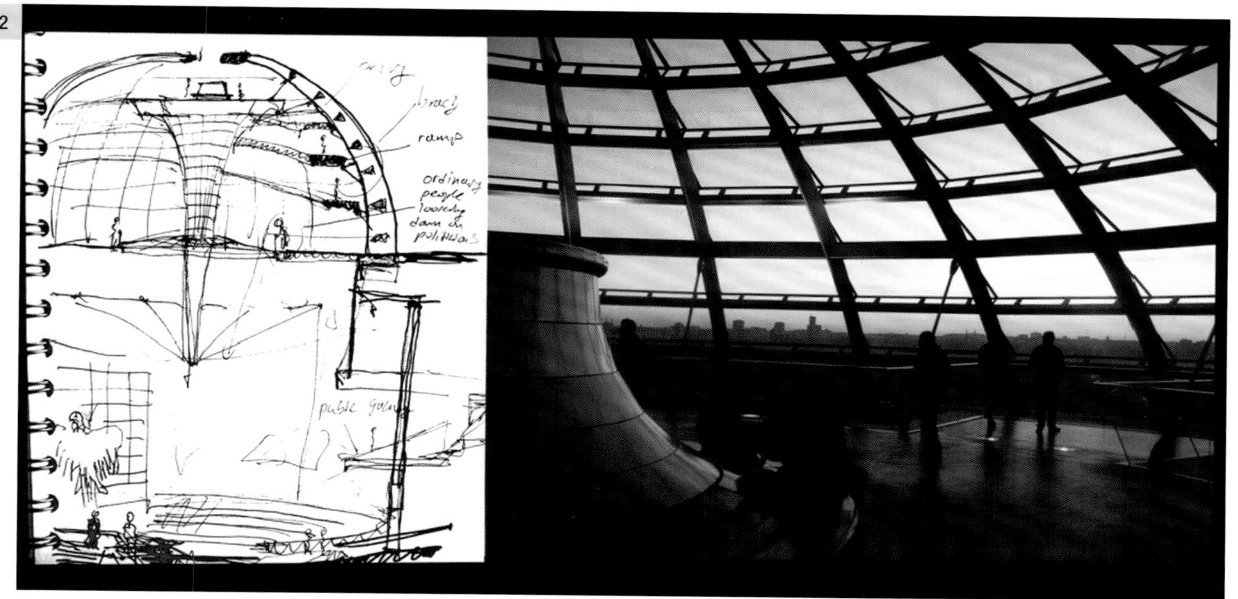


## 玻璃



玻璃是一种令人兴奋的材料，因为它具有多种可能性。它能够作为看不见的平面出现（玻璃是透明的），但它也同样可以利用和过滤光线来创造阴影并使光进入室内。技术的革新意味着，玻璃可以应用在某些结构上，挑战我们对空间和外表面的观感。

玻璃起源于腓尼基人和埃及人（大约公元前2500年，玻璃用于装饰陶器和珠宝），这种材料由沙子、苏打和石灰等最基本的自然材料熔合而成。在11世纪，玻璃就成为了一种建筑材料，随着科技的发展，玻璃能够被制成薄片。

玻璃的使用改变了建筑的设计方法。玻璃可以划分出建筑的室内与室外，也可以界定出充满光的空间。玻璃逐渐地演变成高科技的产物。

现在，当玻璃涂有钛氧化物涂层就可以清洁自身，钛氧化物能够吸收紫外线，而且经过化学过程能够逐渐地、持续地分解任何附着在外表面上的有机物，最后由雨水冲刷干净。夹层玻璃可以置入有色玻璃层，这种玻璃在温度发生变化时改变颜色，“智能”玻璃则通过电致变色和液晶技术改变光量和热量。Privalite玻璃通过一阵阵在玻璃板材中流过的电子，使透明的玻璃变为不透明，皮尔金顿公司（世界上最大的建筑和汽车用玻璃和玻璃窗产品制造商之一）的K型玻璃分离不同频率的辐射，从而使建筑内不至于过热。

玻璃实际上是室外的一部分，自然的一部分，或者说更大范围的一部分，因此它也就具备了展现室内空间的惟一特质。

## 构造要素

在最基本的层面上，建筑的构造主要包括四部分：结构（或框架）、基础、屋顶和墙体及其上的洞口。这些要素决定建筑的形式，只有这时它们才会具有更多细节设计。



### 结构

在本节中，我们需要关注的是结构如何支撑建筑，而这通常有两种形式：固体构造（墙承重）和框架构造（框架独立于建筑的墙体和楼板）。

就像它的名称一样，固体构造建筑往往沉重而且稳固，并界定出建筑的内部空间。此类建筑创造出了建筑形式的永久和宏伟之感。固体构造可以采用砌体，可以是模块化的自然石或砖，还可以用预制或现浇混凝土。

使用框架构造则为改变建筑的内部布局和洞口位置（如门、窗）提供了很大的灵活性。很多材料都可以构成框架结构，比如木材、钢或者混凝土。同时，框架结构能够被快速建造并且能够适应未来的需求。

一个典型的框架结构的例子就是柯布西耶的概念性的多米诺骨架结构体系。这是一种由楼梯连接楼板平面和屋顶平面的混凝土框架。采用这种结构使内外墙体能够根据室内的空间布置来定位。这种结构导致了“自由”平面的产生。

自由平面是一个革命性的概念，它提出墙体及其上的洞口与建筑承重结构无关。框架结构使室内的平面布局和门窗位置变得灵活。柯布西耶的萨伏伊别墅就是这个概念的例证。

1



**1. 凯布朗利博物馆，巴黎，法国**
**让·努维尔，2006年**
凯布朗利博物馆位于法国巴黎赛纳河河畔。一面透明的玻璃屏障围绕着这座博物馆，将花园空间与繁忙的公路在听觉上隔离开，但仍能保持与赛纳河的视觉联系。这面屏障同样也强调了花园作为博物馆入口的引导作用。它也是用来界定花园的独立结构。

**2. 多米诺骨架**
柯布西耶关于结构框架理论的这个标题来源于拉丁人对房屋的称呼“domus”。为了设计一种能够承重的预制结构从而使内墙和外墙脱离结构的制约，柯布西耶构思出了多米诺骨架。

2

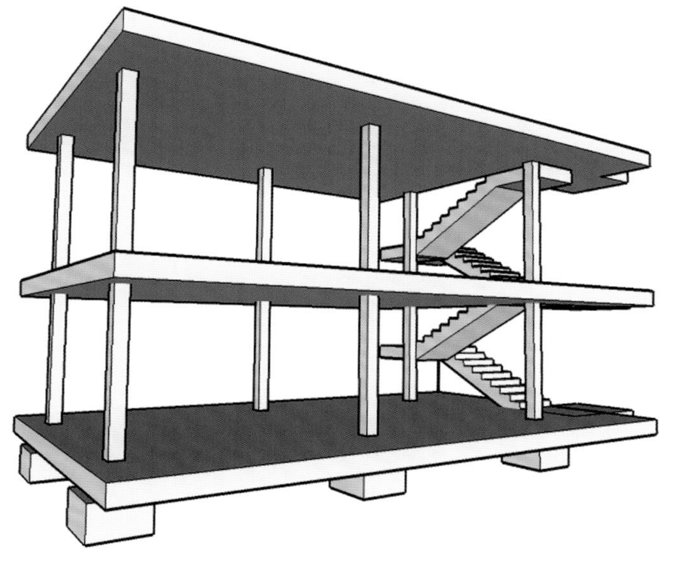

**1. 卢浮宫金字塔基础图**
这幅图展示了卢浮宫金字塔的透明结构实际上是建筑的顶端，而整个建筑扩展到了地下。

1

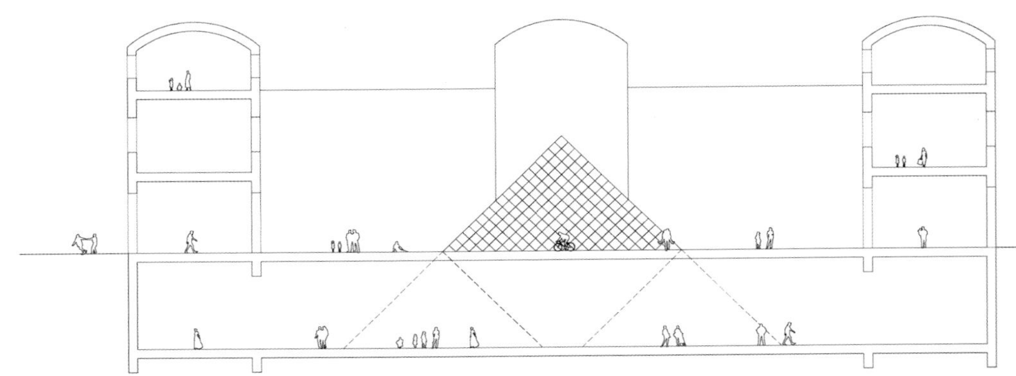



# 基础

在与土地接触的地方承重的结构就是基础。实际上，基础支撑着框架或者承重墙，这就需要其足够强大去适应周围土地条件和承受任何预计的移动。地面运动能够被诸如地质条件的当地状况所影响，特别是土壤的干燥程度。周围的大型建筑或者树木同样会影响建筑的稳固性。一个结构工程师通常会建议最适合建筑设计并且适应当地土地状况的基础类型。

有许多建筑部分或全部位于地下，以适应当地的地质条件要求、功能要求或者当地发展的制约。在市中心，要承受地价的压力，这最终就可能成为财政上具有可行性的建议。

在某些气候区，地下建筑提供了额外的空间，保护自身免受环境的影响。这类地下建筑需要特殊的构造方式。实际上，挡土墙（阻挡土壤的墙）是用来界定建筑的结构，因此需要绝缘并且加入防水层来阻隔周围土壤的水分渗透。

2

**2. 卢浮宫金字塔，巴黎，法国**
**贝聿铭，1989年**
卢浮宫金字塔是老博物馆的加建部分。地上结构是通向博物馆主要画廊的入口门廊，并且是地下空间的引导部分。透明结构将光引入了博物馆的地下空间。

3

**3. 新国家画廊，柏林，德国**
**密斯·凡·德·罗，1968年**
新国家画廊内部具有钢结构框架，其展示馆由玻璃幕墙围合，简单地从建筑外部对内部区域进行了划分。

## 墙体及洞口



墙体是建筑外观，它形成了围墙，划定出建筑室内外的界线。墙体可以承重，支撑屋顶和楼板，也可以不承重，单纯地分割空间。

幕墙是一种不承重的外墙，它将室内空间与室外空间分隔开。幕墙能够防水，并可抵抗室外的动态压力。最初，幕墙用钢制造，但现在更多地使用轻型金属框架，上面镶嵌着玻璃，或是金属，或是像木材或石头的饰面。

墙上的洞口使光线能够进入室内，能够通风，还可以使人出入建筑。每个洞口都要遵循墙体围绕建筑的概念，而且要使室内气候与室外气候相隔离。因此，需要仔细考虑洞口和很多细节。

门洞通常是立面上最显著的地方，它标志着入口，而且通常显示着建筑的身份。门口设置门槛，多是抬高台阶或底座，可以进一步强调入口。遮棚或遮蔽结构则使门口被遮蔽。

窗户开启的大小常因室内发生的活动、光照、视野和居住者对隐私的需求而发生变化。窗户就像画框，展示着乡村的或是城市的景观，从而减轻了室内外的隔离感。

# 76 屋顶

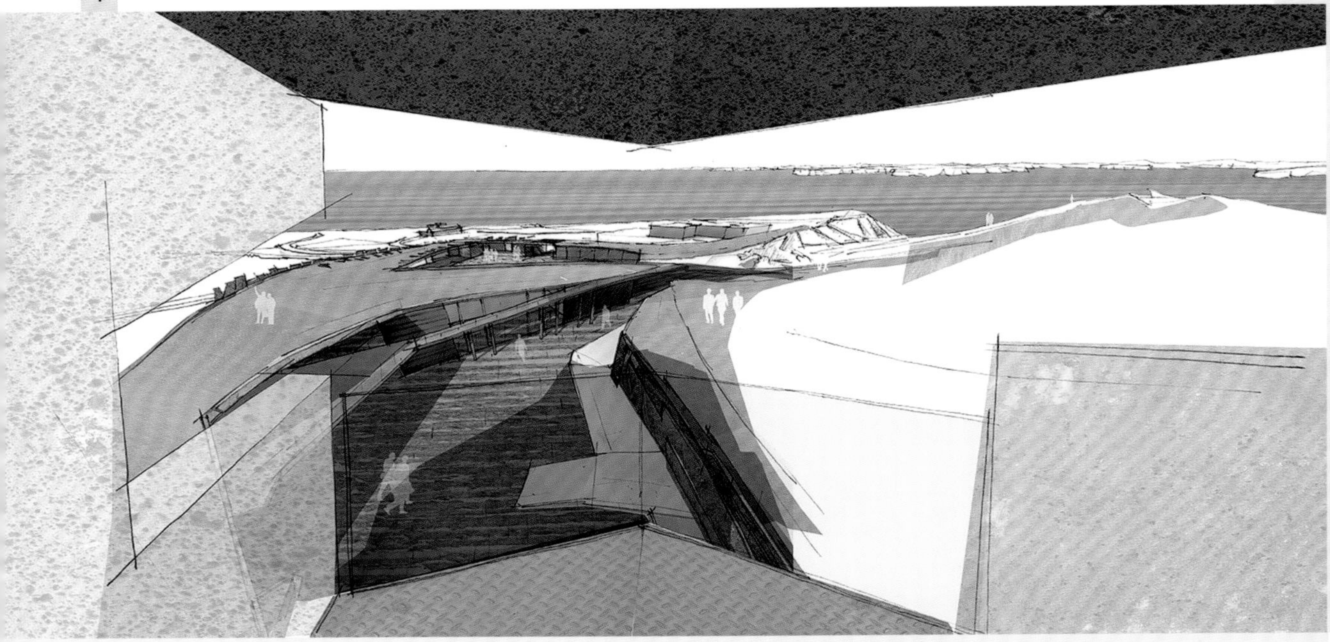

屋顶是建筑最高的那层，它提供保护并且给人以安全感。屋顶这一概念十分宽泛，可以指独立于建筑或覆盖于建筑的结构，也可以精确地被认为是它所覆盖的建筑轮廓。

建筑屋顶的设计通常是由功能决定的，但建筑的即时环境也会对屋顶的设计产生影响。比如，如果周围使用沥青覆盖的屋顶，那么这就很可能成为了前例从而需要某种特定的形式。

气候同样也是决定性因素。雨水需要快速有效地排出，这很可能就需要一个倾斜的屋顶。在炎热的地方，屋顶阻挡强烈的日照，出挑的屋顶也为下面的街道提供了额外的遮蔽。在多雪的地方，覆盖沥青的屋顶对避免积雪凝固在屋顶表面是至关重要的。

**1. 巨人之路竞赛方案**

**David Mathias 和 Peter Williams，2005年**

屋顶是这个建筑构思十分重要的一部分。这个竞赛是为了建造一个位于北爱尔兰的游客中心而举办的。这个方案把屋顶整合成了周围景观的一部分。屋顶成为了连接建筑的扩展路线。

**2. 北京首都国际机场T3航站楼的地铁站，中国**

光滑的屋顶在自然光线的照射下横跨下方空间，其结构赋予了屋顶及地面以图案的样式。T3航站楼由NACO（荷兰航空咨询公司）、英国福斯特建筑事务所，以及ARUP（奥雅纳工程顾问）联合设计。建筑照明由英国Speirs and Major建筑照明事务所设计。

2

# 预制构件

预制装配式构件是指建筑的部件和组件经过专门制造，可以很容易在现场装配。预制装配式构件的范围小到如椅子之类工厂制造的元件，大到如预制混凝土砖之类的构造元件，甚至是在现场装配的整个房屋单元。预制构件可以部分在场外制造，剩下的在现场完成，或者完全在场外制造。



理查德·罗杰斯设计的伦敦劳埃德大厦（建造于1979~1984年）使用了预制卫生间单元，通过起重机将其升起放入建筑，并用螺栓固定在结构框架上。这种尝试节省了大量建造时间，并使构建单元能够在工厂控制条件下精确且高效地制造。

预制构件技术从那时起开始迅猛发展。德国贺府房屋有限公司是一家以类似工具箱形式建造建筑的公司。一系列的预制构件被送达现场，用螺栓装配在一起，呈现完美的工厂加工成果。整个房屋的墙体都可以用这种方式生产：先把预制单元装配好，然后运输到现场，再插入预制结构中。

预制构件带来了诸多好处，如提高建造和装配速度，严格控制质量（所有部件在工厂制造，降低了在现场制造的可变性），灵活、轻型的可移动结构可以在任何地方拆卸和建造。

1

2

**1. 伦敦预制式房屋方案**

个别的预制构件如浴室单元能够在建造过程中放入建筑，这些构件可以像整个房屋单元一样大。所受的限制来源于运输和安装。

**2. 预制式房屋**

**学生草图**

这个实验性房屋是为了蒙特利尔世界博览会于1967年建造的。它演示了通过堆积预制单元创造公寓或住宅区的概念。

**3. 预制式建筑**

**学生方案**

这幅图展示了房屋可以通过不同的预制构件单元进行扩展。每种类型的单元都可以在不同的建造阶段被置入建筑中。

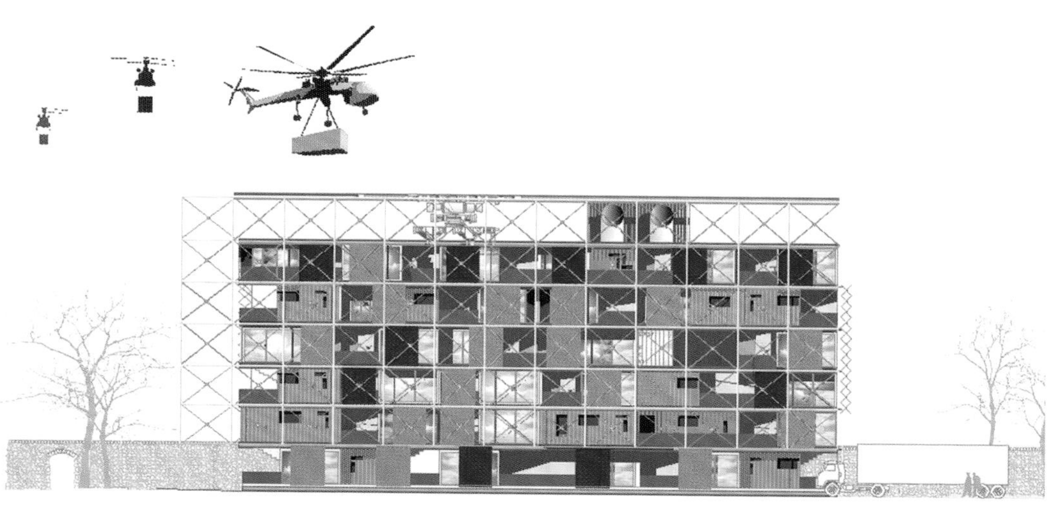

# 改造

城市提供了很多的可能性去改造建筑结构或形式，这两者都是天际线和建筑遗产特性的一部分，而这些结构和形式都会因空间和场所用途的改变而变得多余。创新是一个机遇，建筑可以积极地响应。这样做需要仔细地考虑当地的历史，特别是，怎样做才能在不破坏现有建筑的性质和形式的条件下使建筑适应新的功能。



通过设计改造现有建筑通常是一种比较经济的处理结构的方法，因为这采用的是已有的形式和材料。

位于伦敦的泰特现代艺术博物馆就是改造的一个成功例子。在2000年，瑞士建筑师赫尔佐格和德梅隆将一个多余的电站改造成了一个非常成功的博物馆。从此，泰特现代艺术博物馆成为了世界知名艺术博物馆之一。这个设计借用原有建筑的影响和规模创造了更大的影响。它作为灯塔，强调了其位于泰晤士河南岸的位置。桥和河边步道等其他元素创造了城市基础设施，从而使博物馆成为了周边环境的中心。

**1. 大不列颠博物馆大中庭，伦敦，英国**
**福斯特事务所，1994～2000年**
大中庭最初是一个被充分利用的室外庭院，福斯特事务所于1994年对其进行改造。这一区域被独特的玻璃结构所覆盖，从而形成一个充满活力的室内庭院，在这里提供咖啡、前台接待和信息咨询服务。

**2. 泰特现代艺术博物馆，伦敦，英国**
**赫尔佐格和德梅隆，1998～2000年**
泰特现代艺术博物馆的改造是伦敦南岸重开发项目的一个部分。原电站被重新定义，它的外部形式是强有力的而且具有标志性的——如涡轮大厅之类的内部空间则是工业尺度的——这被用来在博物馆中央展示空间创造出戏剧性的效果，使大型展览和活动能够在这里进行。

1

**福斯特事务所**

诺曼·福斯特的实践因被称为“高科技”建筑而受到关注，他通常使用现代的材料和智能材料。福斯特事务所的设计范围包括产品、建筑翻新设计和城市总体规划。玻璃材料的创新使用是其作品的特征。

最近的项目包括大不列颠博物馆的大中庭、香港和上海银行以及北京的国际机场航站楼。



2

# 可持续性

建筑设计提出了许多关于可持续性的问题。在宏观层面上，以城市设计为例，交通问题、能源效率和二氧化碳排放问题亟待解决；在微观层面，就单体建筑的设计来说，采用哪类材料、如何建造以及材料来源都是可持续性建筑设计的重要考虑因素。



可持续性引申到建筑上是一个广义的概念，是指建设性质、所用的材料及其来源。比如说，某一特定建筑使用的指定木材是不是可持续资源？是否来自于每采伐一棵树就会另种一棵树的有管理的森林？还是来自于因为树木的采伐而对该区域，最终对整个地球造成不可补救的后果的阔叶林？

在可持续性发展的背景下还有更广泛的问题需要考虑。比如说，建设使用的材料运到施工现场有多远？如果欧洲某建筑所使用的石板来自中国，那么材料的购买价要低于本地产的材料，但是运输这些材料的燃油费却是昂贵的。一座大厦的碳足迹就是指制造材料和运输材料到施工现场所消耗的碳的用量。当指定某些材料时，这些因素都应加以考虑。

另一个需要考虑的因素是在建筑使用寿命内的能源效率。比如说，绝缘材料实际上是用于保持建筑处于舒适的温度，以减少燃料的消耗。用于建筑的能源是可更新的吗？污染废物又是如何被清理销毁的？所有此类可持续性问题都需要在建筑设计深入时被考虑到。

当选择场地时，还应该考虑基础设施的问题，例如公共交通连接以节省不必要的交通和能源消耗。

1

**1. BedZED生态社区，萨里，英国**
**比尔·邓斯特建筑事务所，2002年**
BedZED生态社区是英国最大的零能源发展社区。它内部的房屋和工作场所通过特殊的设计，在城市内提供了一种可持续的生活方式。这个社区使用可再生能源，并配有太阳能系统和中水系统。

## 新型材料

材料技术的发展为当代建筑设计带来了新的机遇。材料的创新，比如时装和产品设计领域，都能够影响建筑。创新关注的是技术的应用使生活更加容易，或是通过使用这些产品使生活可持续或是充满乐趣。



技术的创新为建筑满足人们的活动需要提供了可能。建筑内外可移动的传感器能够通过远程操作提供光照和通风等服务。材料也可能通过热感应器感受到移动和光照，无线技术使我们在使用建筑时更具有灵活性。

合成材料提升了单一材料的灵活性并扩大了应用范围。比如说复合玻璃地板，一种由结构型玻璃和铝制成的材料，将铝的轻质和强度与玻璃的透明性结合起来，创造了大型玻璃面板，因其能够承重，被用做了地板。

由玻璃和聚合化合物制成的半透明或者透明的混凝土，颠覆了混凝土的性质。除了具有同样的灵活性（能够被浇筑和模压）之外，它还附加了可以使光通过的优点。使用这种材质的构造柱明显变轻了。

建筑有提高能源使用效率和使外表面成为能量来源的要求，这意味着太阳能板会越来越普遍并且得到更广泛的应用。如今太阳能板可以作为整个屋顶的一部分使用，这比用螺栓紧固的构件要高效得多，同时也提高了再设计的机会。

创新也可以指在新的背景环境下使用材料。通常用于航空设计中的反射材料，现在被用于屋顶绝缘。羊毛也因其高保温能力而经常被用于建筑绝缘。秸秆草捆曾经是一种本土化的材料，现在则被视为一种生态材料，被应用于不同的背景环境中。

未来建筑的材料和技术是与来自不同行业的智能材料的发展联系在一起的。确定技术和革新如何被融入建筑材料和设计中，使工作和生活产生更具动感和交互性的感受，是当今建筑师所面临的挑战。

**1. 犹太博物馆，德国**
**丹尼尔·里柏斯金工作室，1999年**
犹太博物馆使用了与众不同的锌覆面材质，与其周围的厚重的石材建筑形成了鲜明的对比。这种材质暴露在空气中，会随着时间的流逝而产生颜色和肌理的变化，以适应其周围环境。

**2. 大块玻璃**
这个透明的楼梯可以让光线在建筑内部流动，让层与层之间形成视觉上的连接。

# 案例分析：场馆设计

项目：2010年上海世界博览会阿联酋馆

建筑师：福斯特建筑事务所

客户：阿联酋国家媒体委员会

地点/时间：上海，中国，2008~2010年

如今有许多挑战当代建筑思想和形式的创新系统被应用于建筑施工之中。使用新的结构系统可以营造出一套如雕塑般的建筑形式，对已有的建筑概念构成挑战。福斯特建筑事务所在建筑创新方面享有很高的声誉，其结构性的解决方案有时可以赋予一个项目极大的美感，而世博会场馆设计就为其提供了一个展示新的设计思路和挑战建筑惯例的机会。

阿联酋馆是为2010年上海世博会设计和建造的临时建筑，它的用途是展示阿拉伯联合酋长国在响应世博会“城市，让生活更美好”这一主题上的创新。例如，在场馆中展出的项目之一是在阿布扎比为一个碳中和社区制订的马斯达尔总体规划。

设计任务要求建造能容纳450人，面积为3000平方米的展览空间，而且结构灵活，以符合展示的用途。福斯特建筑事务所从当地的景观特色，即沙丘上获得了设计的灵感。

这个方案通过其柔软的轮廓在建筑形式上表达了一个类似沙丘的概念。同时，场馆的迎风面是光滑的，而另一面则具有粗糙的纹理。北部和朝南的高程也正相反。北立面更加开放，让自然光能渗入到内部空间，而朝南的立面较封闭，试图最大限度地降低太阳能的热增益。

场馆的建筑结构由格子状的不锈钢平板组成。这是经过设计的固定系统，以便实现连接和分离，从而对场馆进行迅速地组装和拆解。内部装配由拉尔夫・阿贝尔鲍姆联营公司完成，通过将灯光聚焦在裸露的屋顶结构上，设计师在内部也彰显了设计的概念。

1

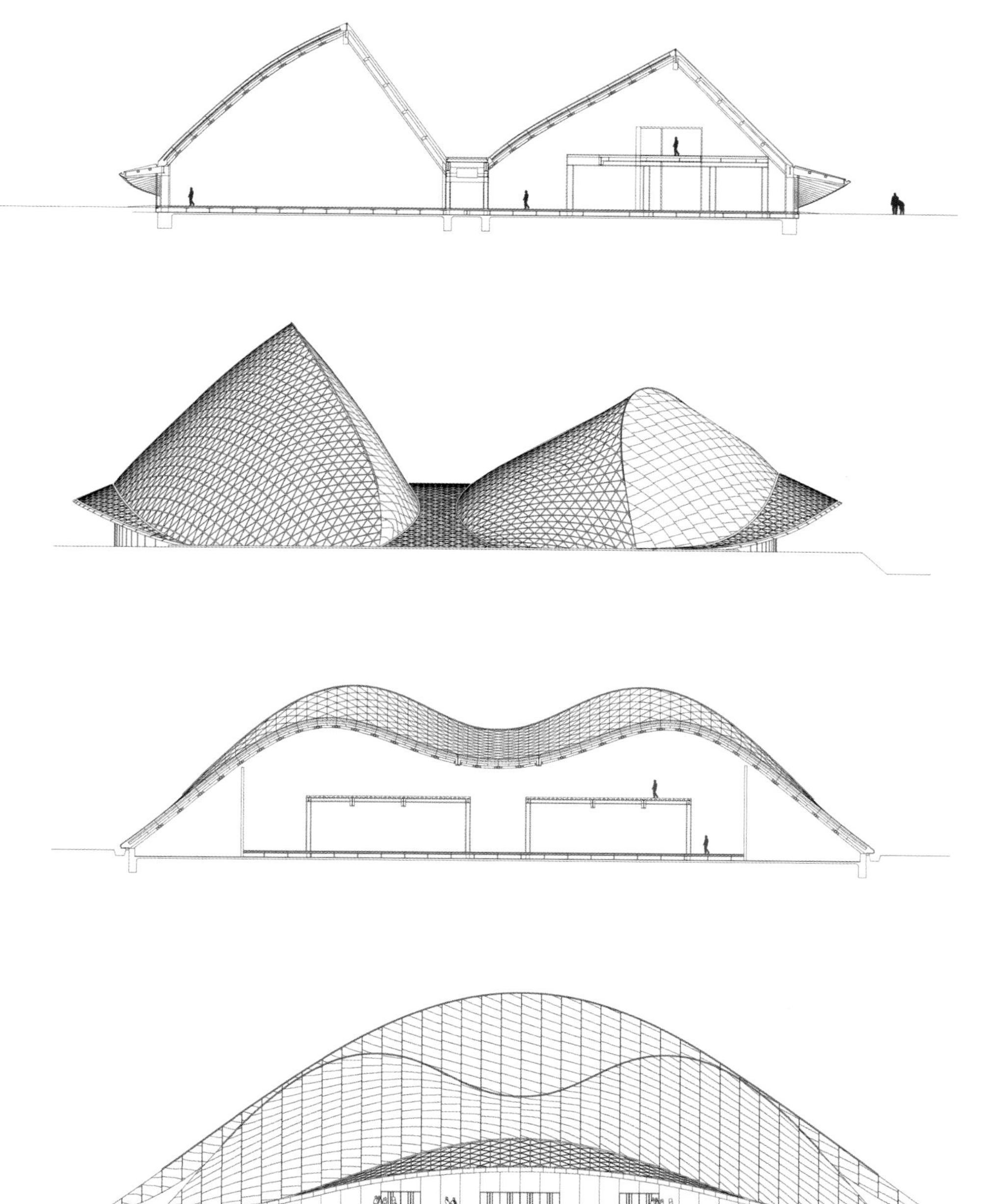

**1. 立面图和剖面图**
主体结构的立面图和剖面图。

**1. 外表皮**
屋顶的外表皮反射了光线。

**2. 场馆入口**
入口考虑了大尺度的室外公共广场。

**3. 展览空间**
室内空间陈列了独立的大型展览品。

**4. 开放式空间**
室内空间为开放式空间，并留有足够的空间用于放映和互动演示。

3

4

# 第三章

## 练习：轴测图绘制

一个轴测图可以对方案进行三维概述。它本质上是将一个平面向上挤压，给人的印象几近于从上面看一个模型的构建。分解轴测图是三维绘图技术被分解成一系列图层来解释建筑的设计理念。

针对于这个练习，选取建筑的平面，绘制其在轴测的投影。考虑清楚建筑内部的分层，创建一个分解轴测图。

在这个巴塞罗那馆的绘制案例中，固体墙壁、玻璃幕墙和屋顶等这样的元素和平面上的构造柱都已被明确地在不同的图层上展示了出来。你可以根据需要尽可能少或尽可能多地增减细节，还可以通过使用颜色来帮助筛选出关键材料。

**1. 巴塞罗那馆（草图），1929年巴塞罗那国际博览会建造**
**密斯·凡·德·罗，1928~1929年**
这个由密斯·凡·德·罗设计的巴塞罗那馆的三维视图，解释了建筑就是一系列由结构元素支撑着屋顶的水平和垂直的平面。





exercise

1

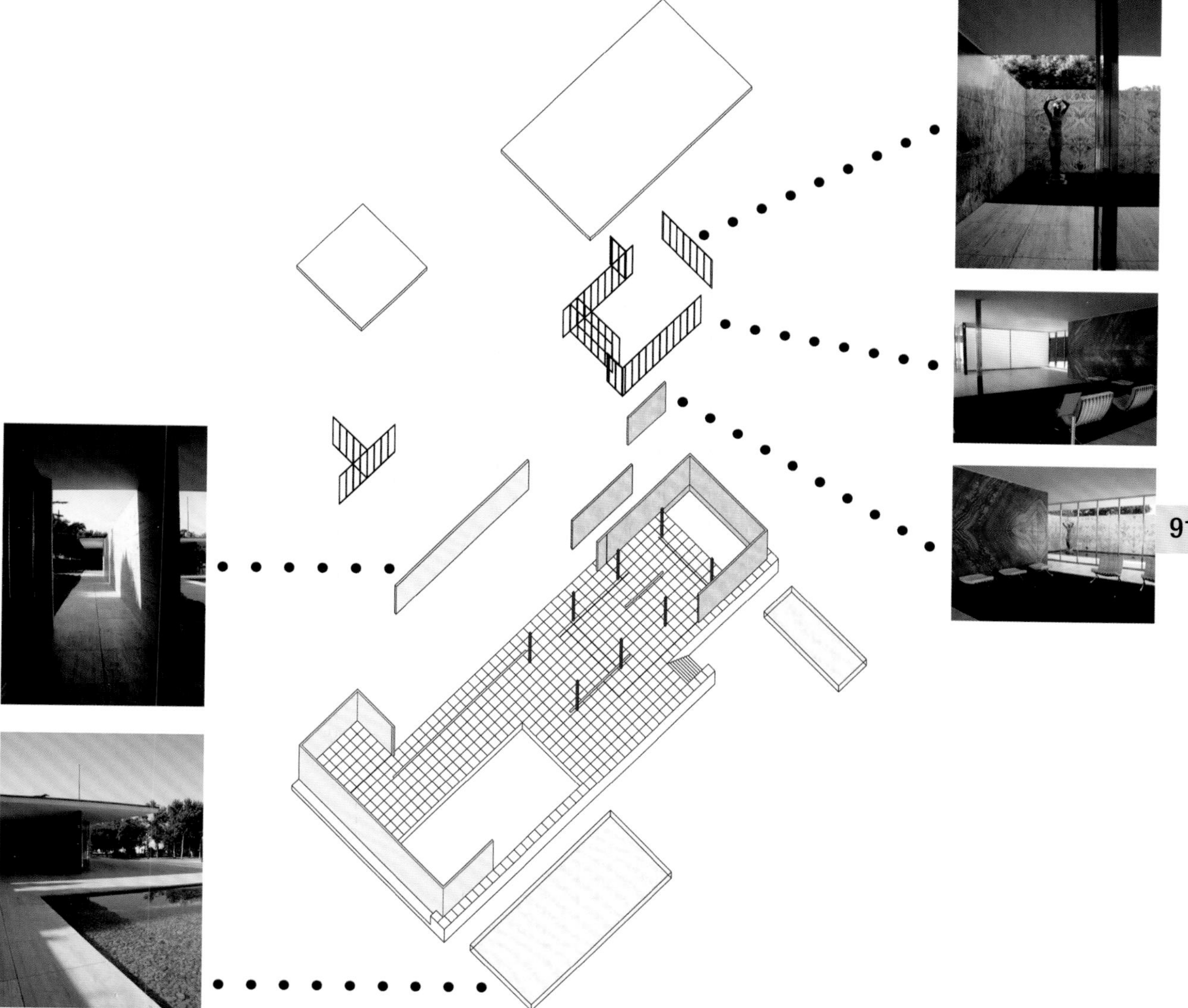

# 第四章 表　现

在本章中，表现指用于表达建筑理念和思想的各种方式，这其中的一些表现方式常常与建筑图联系在一起（比如平面图、立面图、剖面图），还有一些是借用了或采用了其他专业学科的知识，比如电影制作中的故事板，应用数字媒体生成电脑模型，或者是与艺术设计联系最多的建筑草图和分析图。

1. 剖面图

这张由学生绘制的剖面图形象地描述了建筑的空间形式与构成。在剖面图上放置人物体现了人群对建筑的使用情况，可以清晰地看出各个空间的功能，而阴影的使用示意了生活空间的性质。

# CAD绘图

在过去的20年里，科技的进步为建筑表现向新领域发展提供了可能性。现在所有的建筑院校学生都要掌握一些CAD技能，它同时也是这个学科中被普遍认可的一种表现方式。

这种科技进步使建筑空间表现呈现出一种全新的面貌，并使新的建筑形式得以发展。



## 方便还是限制?

从某种角度来说，CAD提供了一种可供探究分析的设计工具。这种或独立或联合使用的软件赋予了建筑表现新的活力和形式。CAD可以快速表达设计构思，因为平面图、剖面图可以很容易地修改和生成。CAD也可以用于生成一系列相关图形，并提供一个附加的信息层面。这一系列的集合将生成一个信息组件，从而更好地表现设计理念和要求。

有时，电脑也可以被视为一个限制因素。CAD绘图是形象的、完美的、给人印象深刻的，但是建筑设计是要营造可居住的建造空间，所以它应该是经得起推敲并可准确表达的三维工具。

在CAD的使用中存在一些有趣的问题，一些建筑设计的理念是超现实主义的，但当表现方案时又会呈现得如此真实和完美，以至于会被问到这是真实的照片还是由电脑生成的效果图。

**1. CAD绘图**
使用Adobe Photoshop软件处理了这张CAD图纸，使图纸涵盖了不同的图像和信息，为城市空间的设计提供了建议。

**2.&3.CAD合成照片**
这组照片把现场照片和CAD模型结合起来，从而更好地描述设计思路。

1

## 图像处理技术



图像处理技术是CAD绘图中一种非常有效的技术。它经常被用于生成完美的效果图，来使客户信服该建筑方案可以满足他们的各种需求并且适合他们的选址。图像处理技术经常给人以艺术家的印象，因为它们经常用数字影像来表达选址地形，用电脑来生成模型。图像处理技术是让设计者表达作品的最好角度或者设计思想中最完美一面的一种有效方法。任何表现技术的最根本的目的都是把这个概念通过最佳的形式表达出来。

2

3

1.2.&3.草图
这些草图显示了不同的方法：使用文本叠加图像(1)；从基地照片开始(2)；在剖面图上叠加草图(3)。

# 草图

建筑画趋向于变成一种集概念、发展和现状三者于一体的集合体。草图可以发生在建筑设计的各个阶段，然而它在构思阶段中使用得最多，因为它是建筑设计中最快捷和最简单的表达复杂想法的方法。



草图可以快速直观地生成方案，也可以使用相关软件对草图进行再创作（比如google的草图大师）。草图的功能很强大，它紧密联系着建筑设计理念和二维表现的图纸。草图有自己的优势，但是它不够细致和准确，这也正是它的魅力所在。通过手来控制铅笔线条的粗细可以表达或者隐藏各种信息。草图在设计的各个阶段都会被用到，但在构思阶段用得最多，此时方案的细部还没有被充分考虑，这也意味着方案还有提升的空间。

1

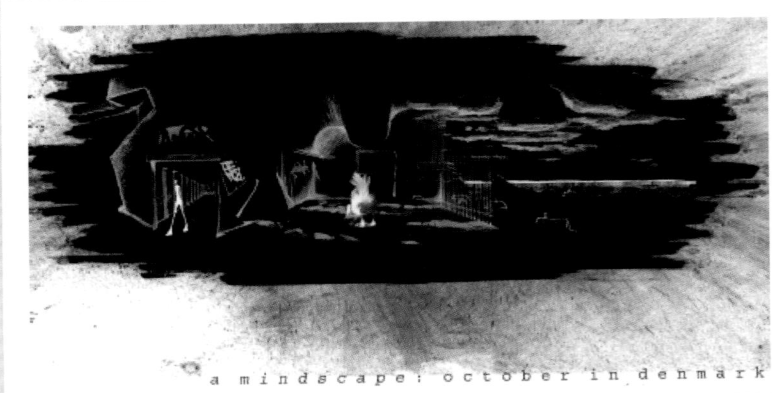

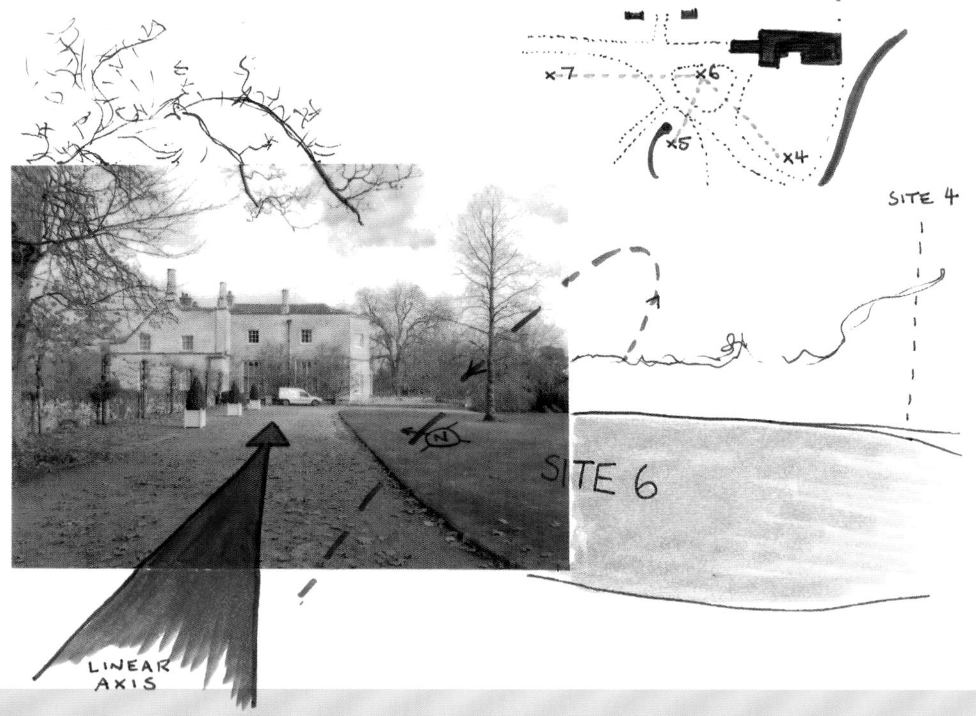


## 思想是关键



任何人都会画草图，在纸上不停地画线条这很容易，关键是线条背后所要表达的思想和绝妙的创作灵感。精准熟练的技巧并不重要，重要的是设计思想。例如，莱昂纳多·达芬奇为了更好地掌握肌肉和骨骼的生理构造，画了大量草图来分析人体。他也使用草图来表现他日后的机械设计和建筑设计。

草图不够准确。因为它可以再加工和再修改，所以给设计方案带来了多种可能性。草图可以是非常复杂的，可以是未来主义派的，也可以是超现实主义的，还可以是表现设计理念的细节以及如何把这些理念应用到建筑设计上。草图为灵感的爆发提供了可能性，只有当设计理念以草图的形式在纸上表现出来时，它才可以得到进一步发展。

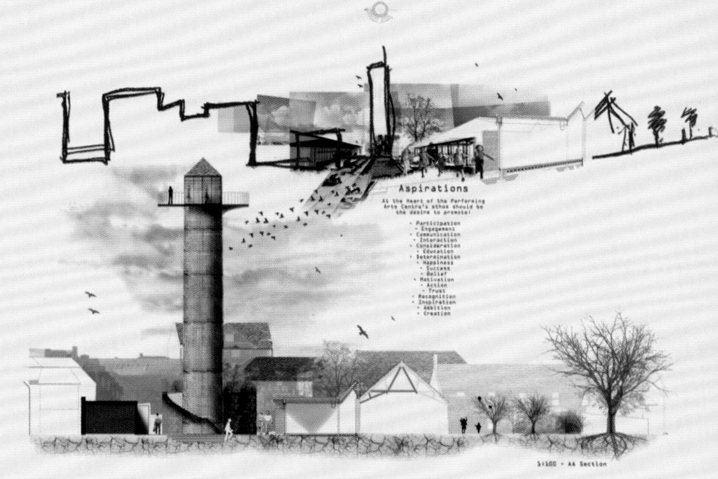


3

## 概念草图

从一个建筑方案被构思的那一刻起，它的概念草图也随之而来。这些草图与建筑设计相互联系，它们可以是抽象的、隐晦的，甚至可以是天马行空地在纸上乱画。

**彼得·卒姆托（生于1943年）**

彼得·卒姆托是一名瑞士建筑师，他在建筑文脉和建筑材料的研究上享有极高的声望。他既是建筑师也是作家，热衷于运用哲学思想诗意地表达建筑的材料、光和空间。他的一些开创性作品主要是文化建筑，包括美术馆和博物馆等。

**1.&2.蛇形画廊**
**彼得·卒姆托，2011年**
蛇形画廊是一个临时搭建物，用于夏季展览，坐落在伦敦的海德公园内。当时许多著名的建筑师设计了一系列的建筑结构，而蛇形画廊就是其中之一。卒姆托关注的是花园与展馆之间的关系，其硬朗的外观与日式风格花园形成了鲜明的对比。

**3.&4. 分析草图**

分析草图让我们对设计思想的发展有了更好的理解。这两张分析草图分析了楼梯和内部空间的关系。

3

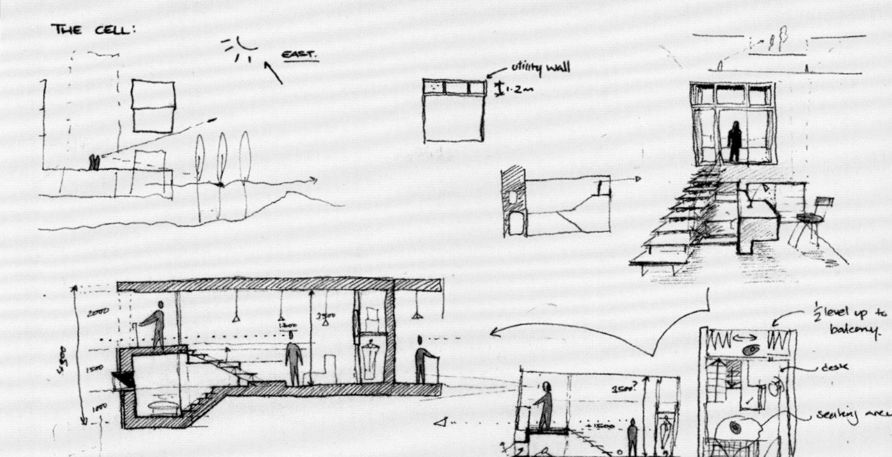




分析草图可以让人产生灵感并且可以在细节上进行推敲，它通常用来解释这个方案为什么是这个样子的，或者最终它会是什么样子的。分析草图让设计思想得以实现。它根据人的活动对空间进行分析，然后赋予空间功能，或者根据亲身经历和旅行经历对城市进行分析，再根据城市规模进行城市设计。

建筑可以根据测量的数据进行特别的分析，比如光照强度，或者根据不同房间和空间来安排功能。这些分析是理解现状的关键，这样做可以使设计方案与建筑思想和主题想吻合，这些分析简图需要简洁和清晰的图示。

4

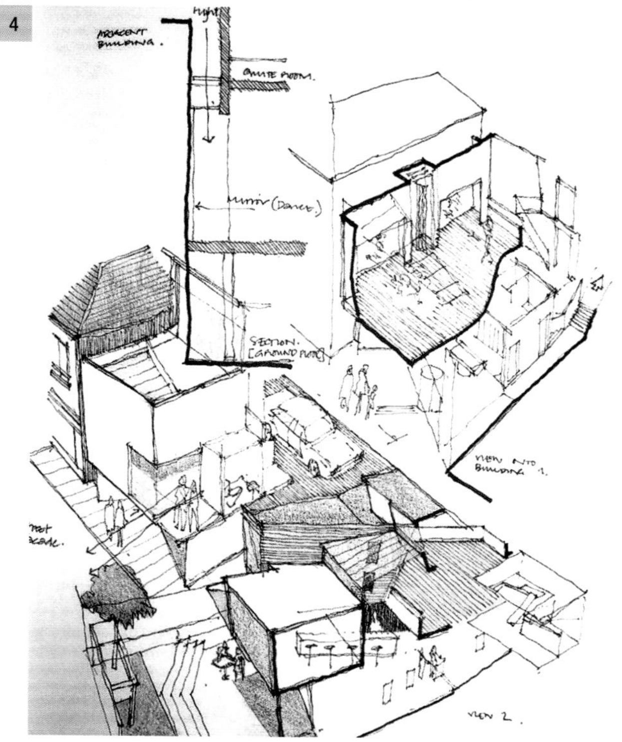

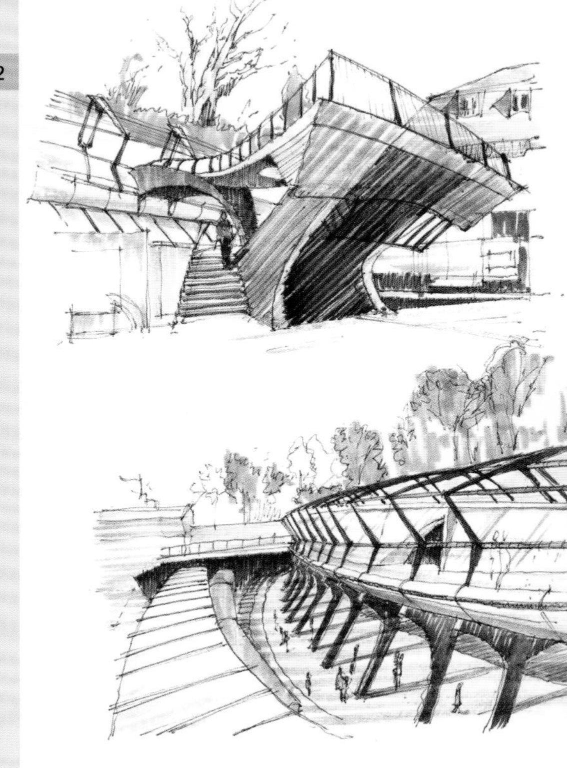



# 透视草图

一些完美的构思源于对某些现状的完美理解。通过透视草图可以发现形式和结构上的小细节，从而让我们对设计的理解更加深入。这种草图就像艺术画，通过绘制艺术主体可以获得对其更深入的认识，两者都是均衡的和有技巧性的。同样的过程也适用于建筑画，这样可以探究建筑自身的各部分组成，并且可以弄清楚它们是怎样与建筑整体联系在一起的。比如说，不同的材质细节是怎样组合在一起的，它们要展示出怎样的暗藏其中的建筑思想。

**1.&2.学生草图**
这些草图对建筑的内外进行了认真地绘制。色彩和纹理的有效运用加强了画面感，从而实现了对细部的研究。

**3.圣・本尼迪克教堂，格劳宾登，瑞士**
**彼得・卒姆托，1987~1989年**
光线照进教堂的内部空间。比较第101页上所示的草图。

## 草图本：灵感的盒子



**4.&5. 透视草图**
这些图分析了圣·本尼迪克教堂的采光，图中颜色的使用赋予了内部空间以生命力和真实感。

草图本呈现出构思的产生和进行各种分析和探究的过程。它们是随笔的，粗糙的，有张力的。草图本让建筑师获得灵感并去追求超越现状。有时候，在错误设计思想的指导下，草图也许没留下什么有用的东西，但是大多数时候，从二维的粗糙的草图开始，到建筑方案的建成，草图使设计构思更加深入并带来了巨大的收益。

草图本记录了视觉上激发的灵感和信息。这种记录方式从对场地的观察和理论的探究中得到深入发展。

建筑思想的发展过程可以被完整地记录在草图本上，但是在建筑设计中，这些工作也是与电脑联系在一起的。先是构思草图，然后是在电脑上调整比例。在电脑最终出图前，其中的一部分草图还可以再深入分析并在原有基础上再进行设计修改。电脑和草图呈现出两种不同的建筑设计思想方式，草图是富有想像力和创造力的，电脑则是精确严密的。

# 比例尺度

比例尺度在建筑空间的设计中非常关键，因为它可以将表现建筑思想的绘图和模型与建筑呈现的真实体量进行比较。比例尺度是一种被广泛接受和了解的用来表达设计思想的衡量方式或测量系统。



理解比例尺度系统就可以恰当地交流一些特别的理念。结合这个理念和一些我们知道的尺度，将有助于我们更好地了解设计方案的大小和规模。比如，房间里或建筑里的一个人，是我们能直接联想到的尺度。同样，一组家具，比如一张桌子或一张椅子，也与人体尺度相关。它们在房间里的摆设也将帮助我们了解建筑设计思想、比例和空间。

比例尺度是我们在设计供人居住的空间时所要知道的重要概念，因为它让我们理解我们占据的空间是怎样的，它是压抑的还是亲切的空间，或者是开放的大空间。

**《第十号力量》**

比例尺度需要从现实和理论上进行理解。《第十号力量》是一部由查理斯和雷·埃姆斯拍摄的电影，是关于比例尺度很好的教材。这部电影的开场以在户外野餐的一个人被枪杀开始，观众可以容易地理解尺度概念，因为电影以全景1：1比率拍摄，接着电影以10的倍数不断放大比率，先是1：10，然后是1：100，这样一直到将比例扩大到银河系范围。这部电影提供了一个让人们了解真实比例尺度的有效方法。理解比例尺度需要对行为或真实物体的尺度进行观察和了解，比例尺度是在不同的细节层面上理解空间、物体和建筑的一种概念。

了解更多信息请登录www.powersof10.com

**1. 比例模型（从左至右：1：2000，1：200，1：20）**

这些模型以一系列的比例制作而成，每个在比例上按10的倍数放大，这些放大的比例使更多的细部被理解。

| 比例 | 应用 |
| --- | --- |
| 1:1 | 家具和材质的细部 |
| 1:2 | 家具和材质的细部 |
| 1:5 | 建筑 |
| 1:10 | 建筑和内部细节 |
| 1:20 | 建筑和内部细节 |
| 1:50 | 内部细节和简单建筑场地 |
| 1:100 | 放大全局建筑场地 |
| 1:200 | 放大全局建筑场地和总平面图 |
| 1:500 | 总平面图和场地设计 |
| 1:1000 | 周围景观和场地地形 |
| 1:1250 | 场地地形 |
| 1:2500 | 放大场地地形 |



1

Scale of 1:2000

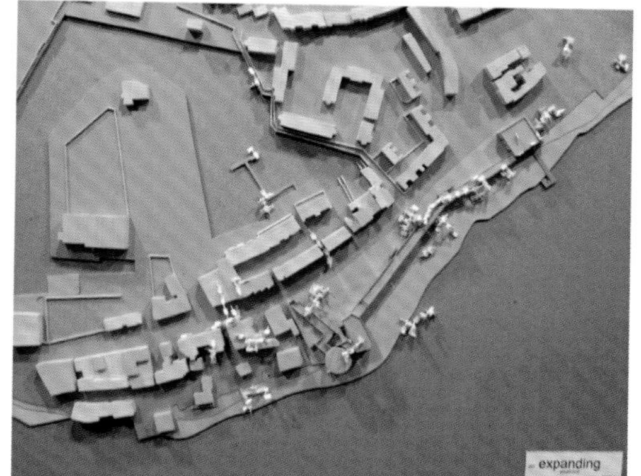


Scale of 1:200

Scale of 1:20

1

2

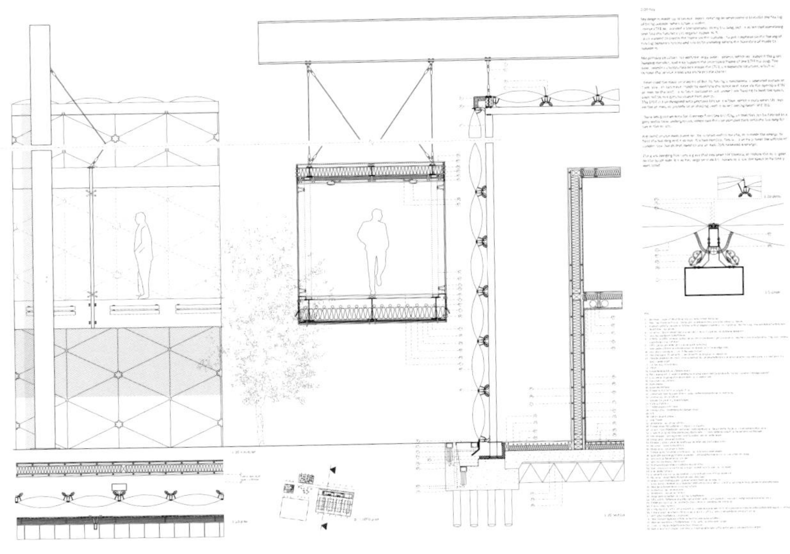



## 适宜的比例尺度

使用适宜的比例尺度能有效地表达信息，这很关键，因为它影响到设计思想的表达和理解。与工程师和其他设计师不同，建筑师使用特定的比例。

设计初始阶段的比例是1：1，就是真实比例，这在小体量建筑设计和小型空间分析中用得比较多，因为这样可以表现真实。可以说，模拟真实比例的空间为表达建筑全貌提供了一个分析平台。

除了1：1之外，其他各种比例可以在不同情况下使用，使设计理念的各个方面和细部得以展现和表达。

建筑细部用1：5或1：10的比例表现，这些细部通常与建筑的设计理念相关联。例如，墙与楼板和房屋或地基的关系。

1：20和1：50的比例通常被用来表达建筑的内部结构和空间结构，或者用来表现与建筑思想有关的更具体的细节。

分析建筑空间结构通常视其结构大小以1：50或1：100和1：200的比例表现，场地关系以1：100、1：200、1：500的比例表达，最大的比例要算地形图了，通常以1：1000、1：1250、1：2500的比例来表现场地地形。

3

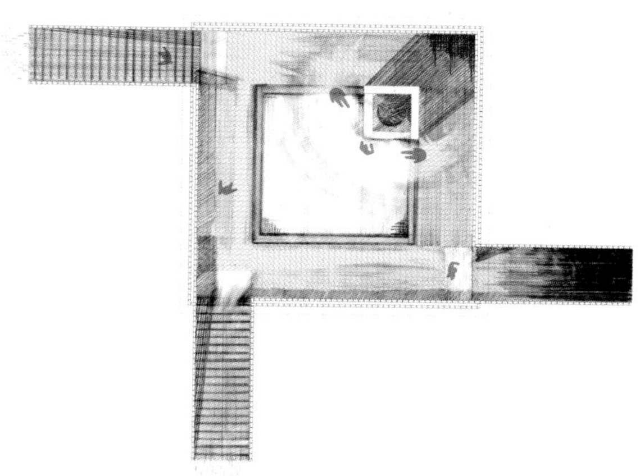

4

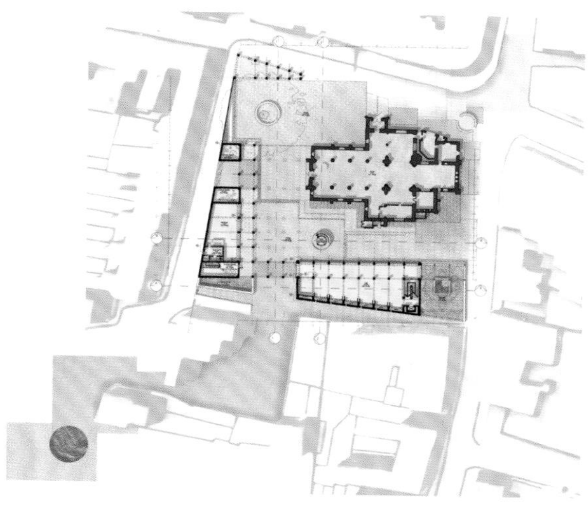



**1.–5.比例图**

1.细部图通常是1:5或1:10的比例，这样可以表达材料的连接方式。

2.剖面图一般是1:20或1:50的比例，可以表达空间之间的关系。

3.1:50或1:100的比例可以用于展示整个建筑的平面图和剖面图。

4.表达基地位置的图可以用1:200或1:500的比例，从而直观地解释基地文脉。

5.1:1250或1:2500的比例可以表达一个更大背景下的城市或景观。

5

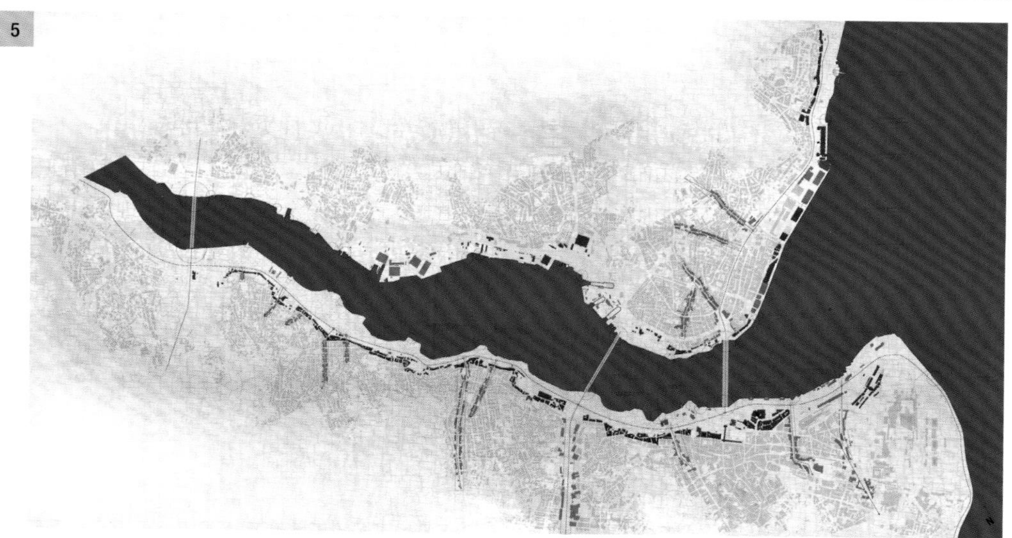

## 投影

投影是一种用二维图像来表现三维物体的方法，在建筑设计中，投影在常见的平面图、立面图和剖面图中经常使用。

平面图是用想像出的一个水平面在房屋和建筑离地面底层1.2米的高处剖切的俯视图。剖面图表现的是建筑和空间的垂直切面。立面图呈现了建筑的外墙面或建筑的各个面。



这些图都是精确的，它们使用比例来表达所包含的空间和形式。建筑师所说的“全套图纸”包括平面图、剖面图、立面图和细部节点图。建筑设计可以通过全套图纸的信息和不同比例的使用清晰地表现三维空间。它需要大量的人员，包括负责建筑设计的人员以及根据图纸精确建造房屋的建设者。单独看，每种图纸表达的信息不尽相同，但是把它们集合在一起就可以完整地表现建筑设计。

### 平面图

平面图包括建筑的各个层，包括底层、基层和顶层。

总平面图是首先要考虑的，通常都是指展示周围环境的鸟瞰图，此外还要考虑到建筑的入口和指北针，这很关键。

平面图可以有选择性地只展示一个房间，或者简单地展示整个建筑。建筑细部的平面图可多可少。它可以通过内部的家具布置来表现建筑规模和空间，或者展示内部将要使用的材料，再或者只是简单地表现一下空间、墙体、窗体和门。平面图在设计的整个阶段中所传达的信息可多可少。

**1. 艾克莱斯别墅总平面图**
**约翰·帕迪建筑事务所，2006年**
这张别墅的总平面图表现了建筑和场地的关系。总平面图展示了周围环境、停车场布置、建筑朝向以及房间的外部景观和视线。周围环境的交代使总平面图表现得很清晰。

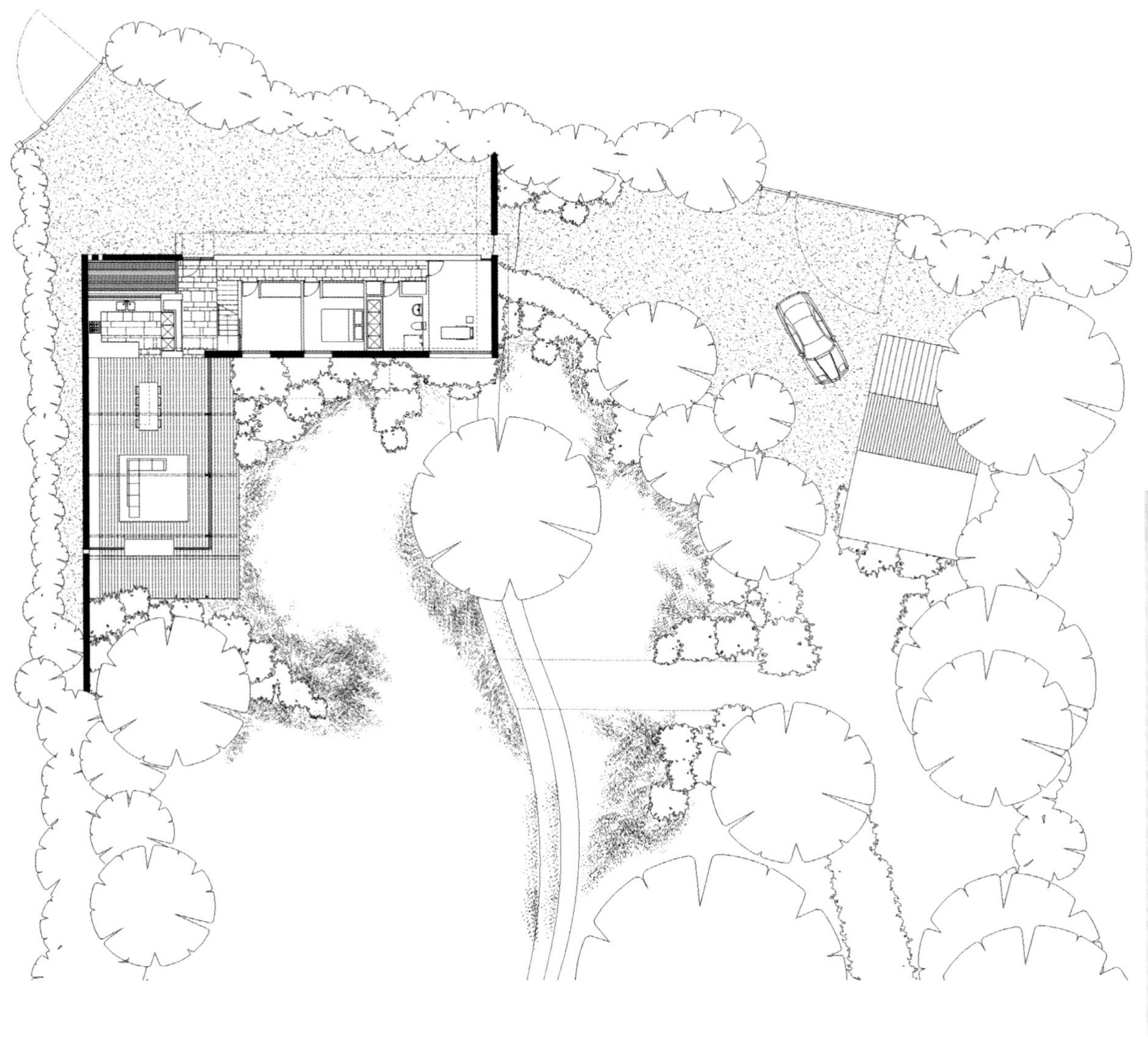

1



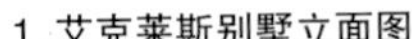

1. 艾克莱斯别墅立面图

**约翰·帕迪建筑事务所，2006年**

这张立面图通过材质的阴影和色彩表现出尺度感。立面图中树木的加入使建筑和周围环境的关系清晰明了。

2. 艾克莱斯别墅平面表现成图

**约翰·帕迪建筑事务所，2006年**

建筑的立面表现图展示了建筑在周边场地中的位置，一层平面和透视组图由内部到外部完整地表现了该设计方案，并且表明了建筑和场地的关系。

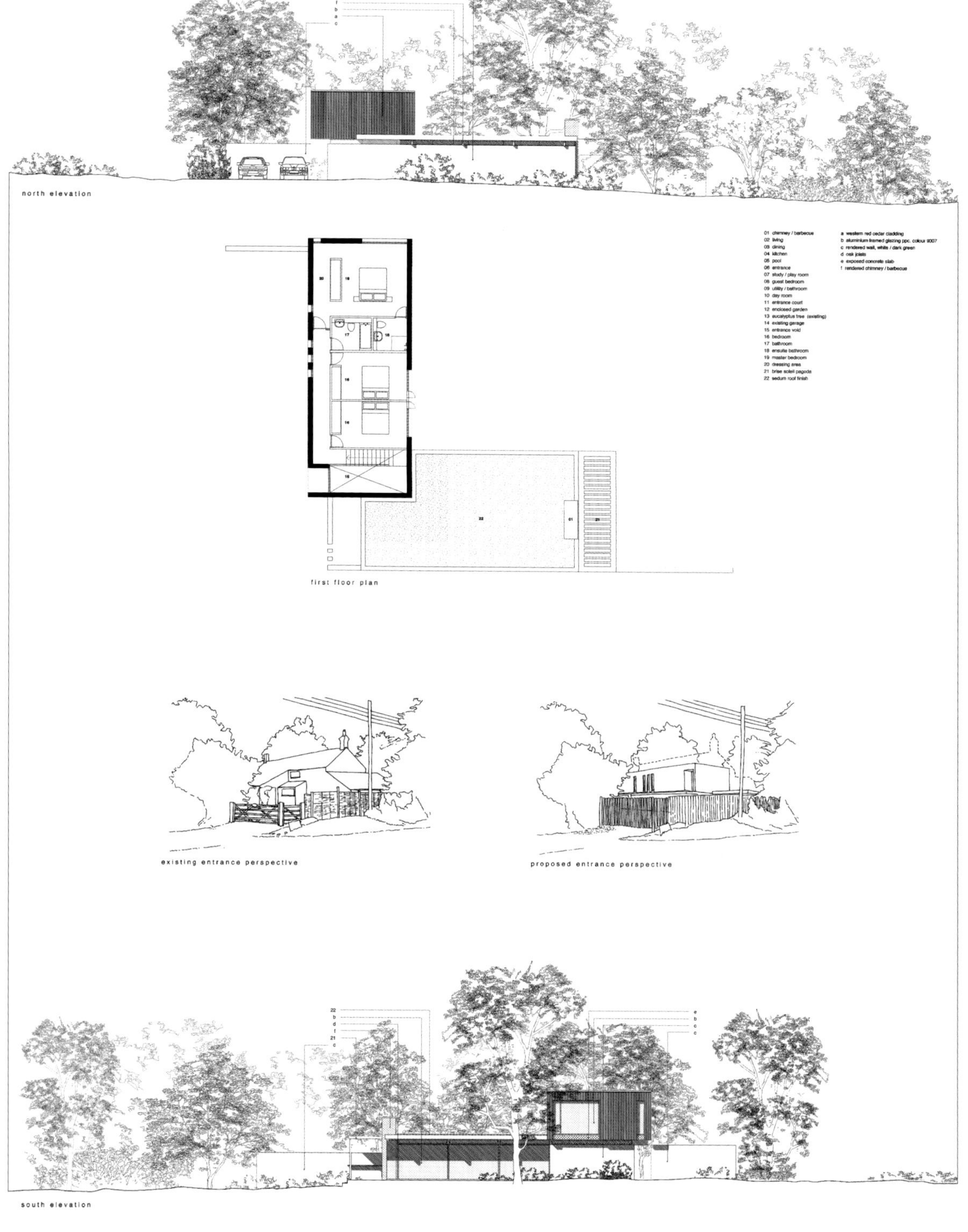
north elevation
01 chimney / barbecue
02 living
03 dining
04 kitchen
05 pool
06 entrance
07 study / play room
08 guest bedroom
09 utility / bathroom
10 day room
11 entrance court
12 enclosed garden
13 eucalyptus tree (existing)
14 existing garage
15 entrance void
16 bedroom
17 bathroom
18 ensuite bathroom
19 master bedroom
20 dressing area
21 brise soleil pagoda
22 sedum roof finish
a western red cedar cladding
b aluminium framed glazing ppc. colour 9007
c rendered wall, white / dark green
d oak joists
e exposed concrete slab
f rendered chimney / barbecue
first floor plan
existing entrance perspective
proposed entrance perspective
south elevation
title: Proposed first floor plan, north + south elevation
project: Latchmore Corner
status: planning
revision:
drawing no: LCE - PP- 05
scale: 1:100
date: Oct 2005
JOHN PARDEY ARCHITECTS
www.johnpardeyarchitects.com

**1. 立面图**
这张图片是英国罗姆西市莫蒂斯丰特修道院的长立面图，它描述了建筑及其背景景观和林地之间的关系。

**2. 剖面图**
这张剖面图在基地文脉中展示了教堂的双倍高度的空间结构。

**3. 草图**
这些草图的绘制不需要任何比例，但它们要表现出剖面图、平面图和透视图各自的设计理念。



## 立面图

立面图表现了建筑的立面，通常包括对建筑各个角度的观察（诸如建筑的北立面和西立面等）。这些图可以通过使用阴影来表现进深感，这样做还可以表现场地。立面图通过使用数学、几何和对称等方法来表现设计的整体效果。

学会对照平面图看立面图很重要，这样可以加深对方案的理解。比如，根据房间的功能来布置窗的位置，同时，窗的布置也与整体立面相关。建筑师需要从各个比例和层面上理解空间和建筑。在本例中，窗的布置既与房间功能相关又与沿街立面相关。

## 剖面图

剖面图是假想出一个面纵向切开建筑和内部空间。剖面图表达了对空间内部联系的一种理解，并且诠释了它们是怎样联系在一起的，这是平面图所不及的。譬如，我们可以从剖面图中看出不同的内部空间结构与楼层之间的联系，或者建筑内部与外部之间的联系。

3

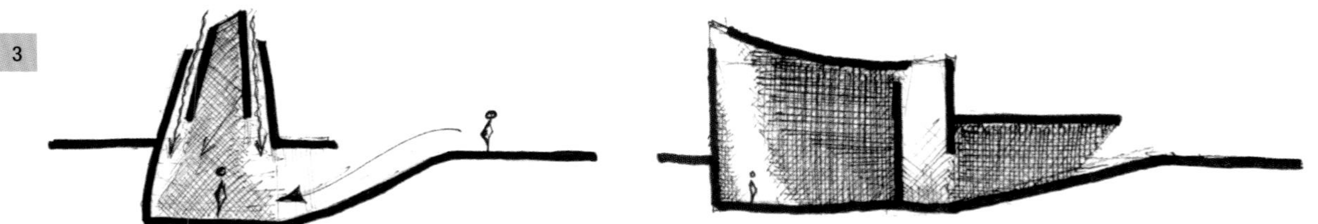

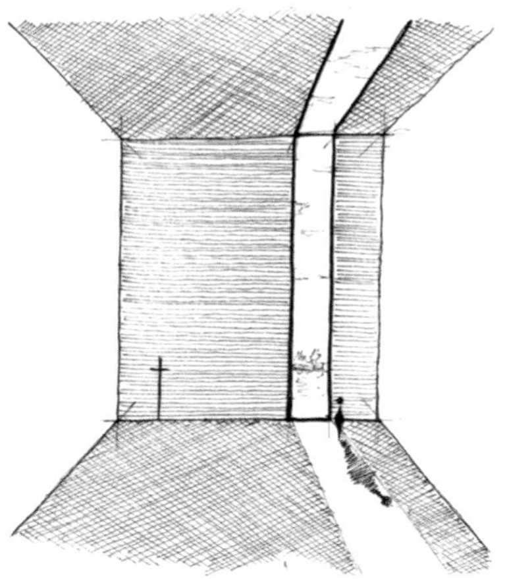

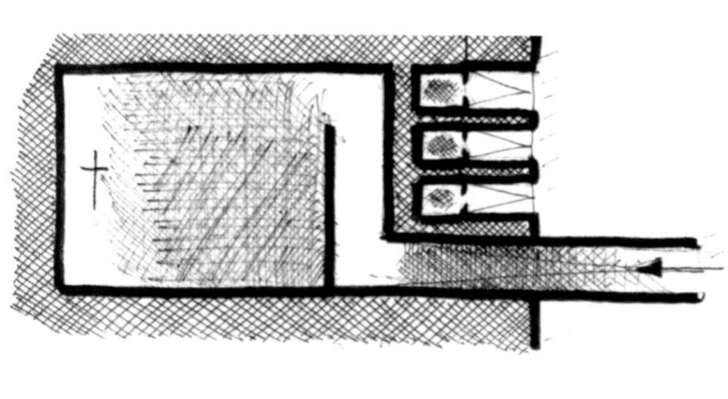

# 透视法

透视法很容易被那些看不懂平面图的人所理解，因为它们通常是建立在人的视点（或透视）的思维之上。透视图表达出了对于空间或地点的“真实”印象或视角。



用透视法来绘画是一种试图建立“真实”视角印象的方式，以这种方式绘画，视角需要经过仔细研究。所有“线”的汇聚点应该要明确下来，这个抽象的点被称为灭点。这种概念可以通过对一个空间进行拍照以及寻找所有线的汇聚点来进行更好的理解。而后，这个灭点将被用做建构透视图的参照。

一旦灭点被建立起来，衔接的线可被用来表示出周边元素的边缘，或者在一个房间中，将竖直面（如墙）与水平面（如地板或顶棚）区分开来，从而使其他细节可被加入图景之中来进一步区分墙面和门窗。通过练习，透视法是一门可被快速掌握的技术。

建构起来的透视图由于需要来自有比例的平面图、剖面图、立面图的信息而更加复杂。

任何一个场景的透视，只要包含平行线，就拥有一个或多个灭点。单点透视意味着图画拥有单个灭点，通常与观察者直接相对，并处于水平方向上；两点透视拥有来自两个不同角度的平行线。例如，从转角看建筑，一面墙将向一个灭点后退；另一面墙则向另一个灭点后退。三点透视通常在高空俯瞰或低视点仰视建筑时使用。

虽然建筑透视图看起来复杂，但它确实创造了空间或建筑的有趣视角。

1

2

3

**1.&2. 灭点**

左右两张图片表现出产生透视的关键性直线，实线标示出水平方向，虚线标示出视线，二者在灭点处汇聚。

**3. 素描透视**

此幅素描展示了“灭点”的意义。这幅图景看起来在画面中心处消失。事实上，街道两边的墙体从未彼此靠近或相接，但为了将透视画得令人信服，灭点的错觉必须被应用于其中。

## 三维图像

如果二维的平面图、剖面图、立面图无法传达出所要交流的信息，那么三维图像就需要介入其中。以三维绘画可以增加画面的深度，并使其看起来更加真实。一些三维画面是绘制出来的，而其他的则采取了更加实测的方式，如建立在几何基础之上的轴测和等距透视画法。



### 等距画法

等距画法产生三维图像。其中，长、宽、高以交角为120°的直线来表达，所有的长度均采用相同的比例。

为实现此种绘图方式，具有比例的建筑或空间平面图、立面图、剖面图是必需的。平面图将被旋转，使其与水平或竖直面成30°角，在平面图之上覆以拷贝纸，将使你可以从新的角度来重新绘图。而后，直线将从二次绘制平面图的角点以竖直方向射出，这被用来表示建筑或空间的高度。所有实测距离将取自立面图或剖面图以便获得高度，而竖直向的维度应被转化为等距透视画法。

将平面图扭转，使其与水平或竖直向成30°角，将会使等距画法比轴测画法更难以构建出来（参阅116页），因为这将需要一些前期控制。

对于有效描绘内部空间以及一系列较大空间，等距画法是非常有用的，并有利于阐述三维建构细部以及集中绘图。

1

2

**1. 2.&3.轴测图**

三维立体图像有助于直观呈现整体思路，并且有助于了解不同空间之间是如何相互连接的。这些图片展示了等角投影的一系列方法。



3

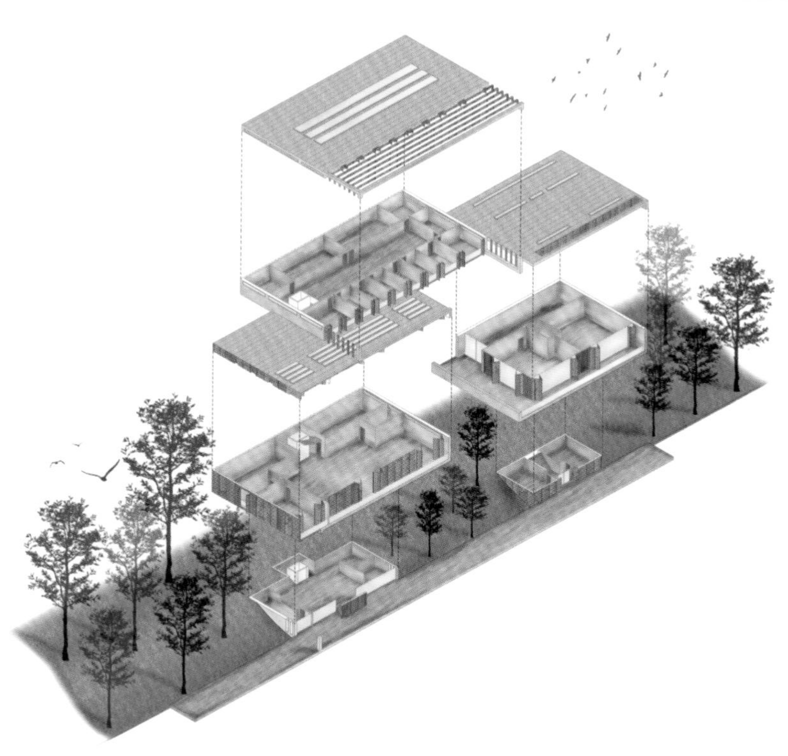

1

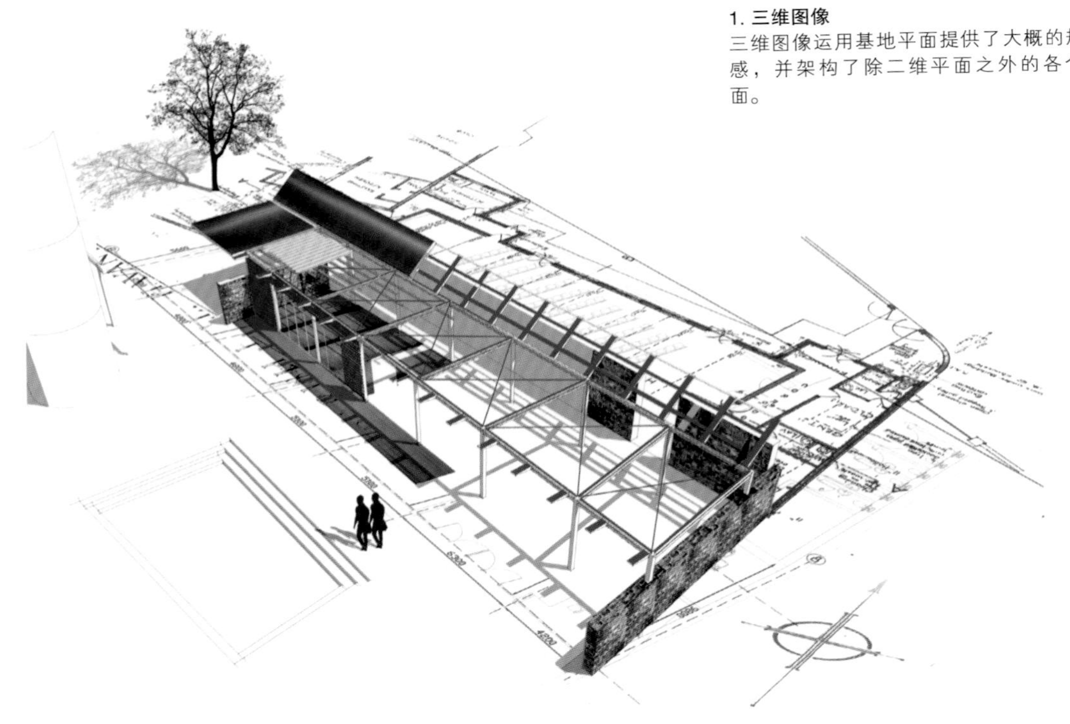

**1. 三维图像**
三维图像运用基地平面提供了大概的规模感，并架构了除二维平面之外的各个方面。



## 轴测透视

轴测透视由平面图产生，可以迅速构建出房间或空间的三维图像。轴测画法是取得三维效果的简便方式。

这种画法也需要建筑或空间的平面图、立面图和剖面图。平面图将被旋转，从而与水平、竖直向成45°角，并以这种新的角度被重新绘制出来。通过使用与绘制等距透视相同的方式，直线从二次绘制平面图的角点沿竖直向发射出来，所有实测距离均来源于立面图和剖面图，并转化为轴测透视。

轴测图可以很快产生，但由此方式产生的图像，尤其是当绘制建筑外部时，其屋顶将会被夸大。

爆破视点是表现细部的好方法。从字面上看，该画法是使各面相互分离，爆破轴测将会展示出一座建筑如何被分解，又是如何被重组到一起的。

2

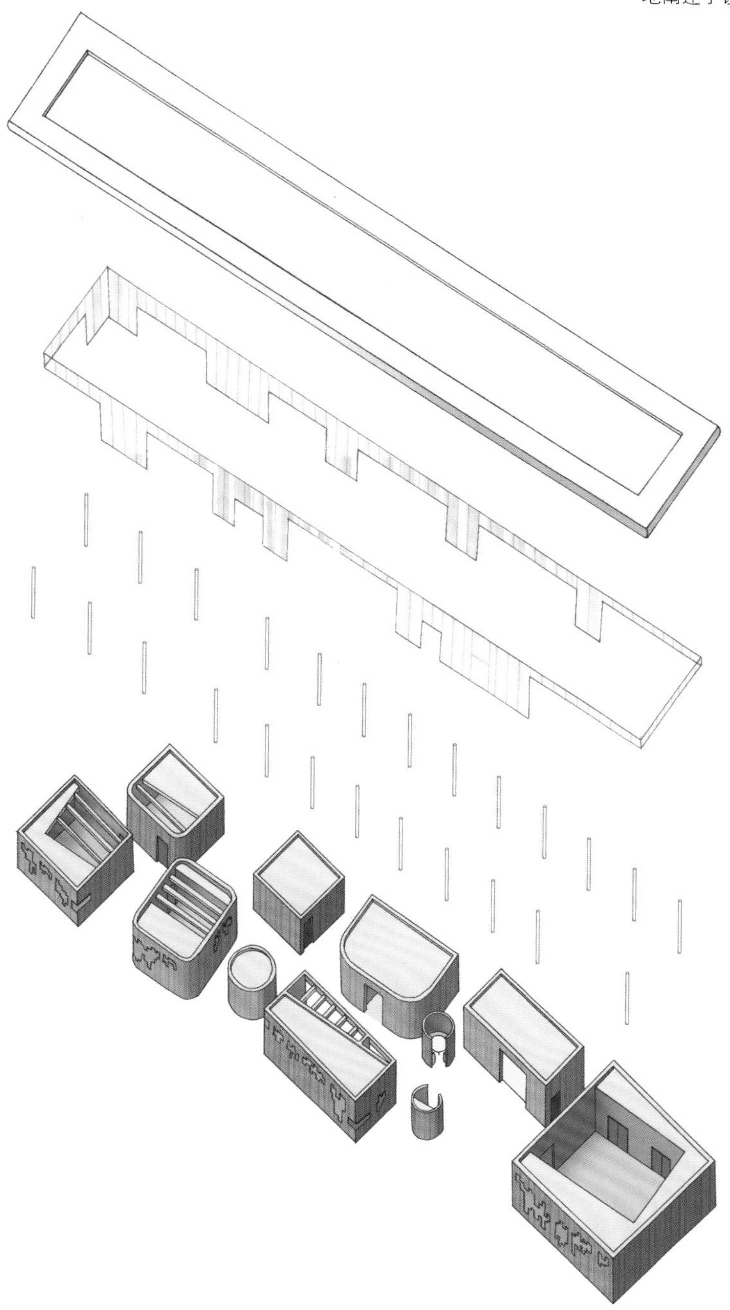

2. 轴测图

此图用一系列盒子、结构和平面单元直观地阐述了设计理念。

1

# 实体建模

实体模型为以三维形式表达思想提供了另一种方式。实体模型可采用多种形式，由多种材料构成，并以不同比例表现出来。就像不同的绘画方式，不同类型的模型在设计过程的不同阶段会以最好的方式阐述特定的概念与思想。



2

3

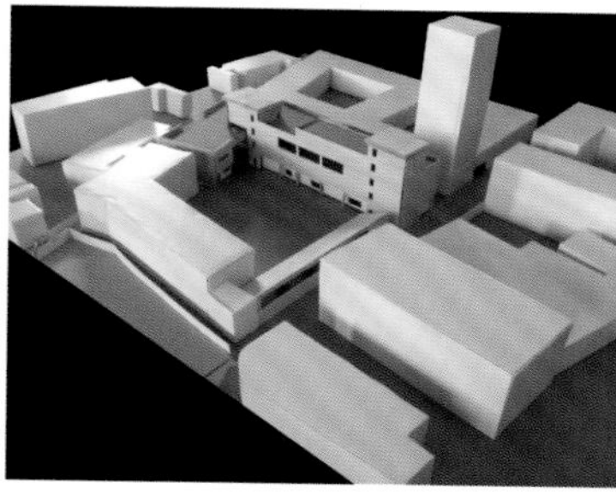

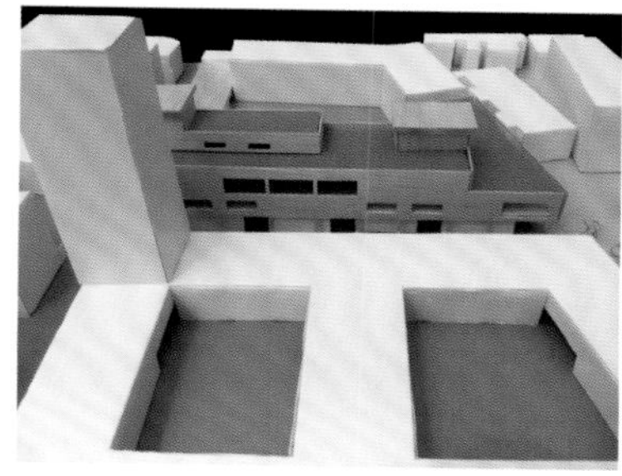

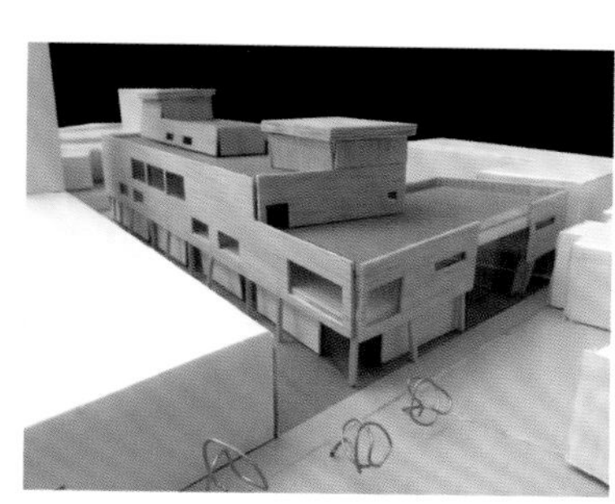

1. 剖面模型
1:20的剖面模型形象地展示了设计思路。

2. 基地模型
基地模型可以展现出建设项目与现有楼宇之间的关系。

3. 城市尺度模型
城市尺度模型可以直观地说明不同高度上建筑物的体量关系。



在工程的不同阶段会采用不同种类的模型。在所有模型种类之中，所要考虑的最重要的因素是模型的尺度与材料，从而表达出设计思想。并不一定要与实际所使用的材料相同，其他方式也足够表达出成果。然而，有时在模型中使用指定材料（如木材、黏土）可以强有力地表达出设计理念。

草模可被快速地制作出来，它们可以按比例制作或在项目早期以更抽象的形式展示出来，探索所用材料或基地的设计概念。草模使建筑师能够快速产生对于空间的构思。

概念模型可以运用各种材料来表达出对于一个概念的夸大性阐释。概念模型可以按各种比例制作出来，在解释设计思路时尤其有用。然而，它们所蕴涵的信息必须准确且清晰。

细部模型探索一个概念的特定方面，它可以是关于材料如何在建筑的关键部位组合在一起，或者只是成品建筑的一个内部细节。细部模型的焦点是单个构建，而不是建筑整体或构思。

城市模型提供了对于基地周边文脉的理解。对于这种模型，细部并不重要，整体才是关键。城市模型提供了关于关键元素的位置以及基地地形等信息，相对方位与各元素的位置需要重点考虑。

成品模型表达了最终的建筑理念。在这些模型中，对细部的关注是最重要的。成品模型要有可移除的屋顶或墙，从而展示出内部空间的重要角度。

# CAD模型

CAD模型融合了二维和三维图形的特点。CAD软件适用于设计过程的不同阶段，从最初的构思到细节设计再到方案实施。许多软件需要平面和立面的数据来创造精确的立体图像。这些数据通常是一系列的坐标，或是墙体长度和高度的具体参数。



电脑辅助设计（CAD）使建筑设计的许多方面变得更高效。构思和图像能够快速地被渲染、重访、设计和修改。CAD允许观看者和建筑进行快速地互动，通过"穿梭飞行"进行探讨推敲，使观看者通过与建筑模型的互动能够安排方案和计划。

CAD有许多软件包，比如AutoCAD，RealCAD或是SolidWorks，这些软件都允许如家具或构造部件之类的设计要素以二维和三维形式展示。其他的专门软件可用于建筑设计和三维空间制作。整个城市通过CAD也可以被设计和想像出来，从而可以了解在某一特定区域放入一座建筑后，其对周围环境的冲击情况。

渲染软件可以提供一个真实材料饰面的图像。其他软件帮助测量和设计阴影面、光照、结构性能和建筑节能性能。建筑设计过程中的每一阶段都由不同的专门项目协助开发和测试设计理念。使用所有的这些项目能够提供一种十分有用的方式，来探讨设计理念，或者介绍完整的建筑设计理念和经验。

1. 水池竞赛

David Mathias和Peter Williams，2006年

这幅CAD图像展示的是一个游泳池方案，通过使用计算机图形学创造了一种动态的效果。

2. CAD绘图

此图是在现有的基地照片和CAD图纸中导入景观和人物的图像，以指示规模和比例。

1

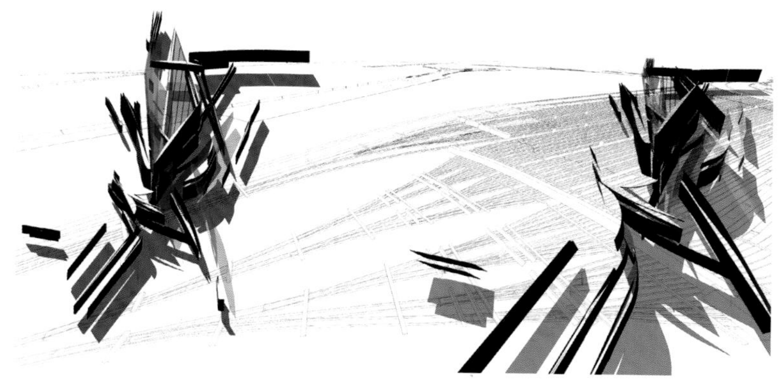



2

## 布局和版面

标准纸张尺寸决定了图纸的大小组合。在欧洲，采用ISO（国际标准化组织）系统，使硬拷贝的版面一致统一。在ISO纸张尺寸系统中，所有纸张的高宽比均为2的平方根（1.4142：1）。这种比例遵循了黄金分割和斐波那契数列。



就布局版面的适当尺寸来说，有许多因素需要考虑。大尺寸的图纸可能需要更大的物质空间去陈列，当图纸需要创造视觉上的冲击力时，往往需要以大尺度展示。一幅小尺寸的图纸其图幅很小，也就占用了较小的空间。

图纸尺寸与图像大小相一致是至关重要的。布局选择的关键因素包括真实的图纸尺寸、图纸的观众或是读者、用于介绍图纸的信息的清晰度（比如标题、图例比例和指北针之类的平面图上必要的元素），以及这些辅助信息不会分散观众或读者对图纸的注意力。

纵向或者横向的布局则是另外一个需要考虑的因素。这个选择必须考虑到其他的图纸（如果展示的是一系列图纸中的一幅），以及这种格式如何帮助图纸信息被轻松地阅读并且被更容易地理解。



### 斐波那契数列

0, 1, 1, 2, 3, 5, 8, 13, 21, 34, 55, 89, 144, 23

## 创造一个黄金分割

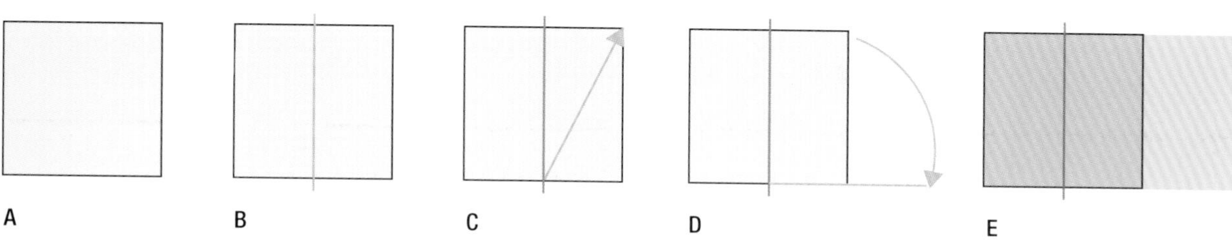


**构建一个黄金分割**

此图为依序构建一个黄金分割的方法。首先需要一个正方形(A)，然后二等分形成(B)。接着通过绘制一条从底部二等分点到方形上部的一个顶点的直线，形成一个三角形(C)。使用圆规，绘制圆弧从三角形的顶点到基线(D)，然后画一条直线垂直于基线与圆弧相交的点。完成矩形构建的黄金分割(E)。



**黄金分割**

黄金分割是一个无理数，大约是1.618，同时也具有许多有趣的性质。在西方文化中，采用了黄金分割的形状一直被认为是美的，体现着对称和不对称的自然平衡，古代的毕达哥拉认为，现实是一个数字化的现实。一些对于包括帕提农神庙在内的雅典的分析，推断出它的许多比例都符合黄金比例。帕提农神庙的正面可以限制在一个黄金比例的矩形内。

**斐波那契数列**

斐波那契，生于意大利的比萨（公元1175年），像莱昂纳多·达芬奇一样有名。他被描述为数论方面的数学天才。他发现了斐波那契数列，这个数列中的每个连续数字都是它前面两个数字的加和（1，2，3，5，8，13，21，34，55，89，144等）。随着一系列的新进展，斐波那契数列中的数字除以前一个数字的比值，与黄金比例1.618越来越接近。

77,610,987,1597,2584,4181,6765,10946

## 故事板

故事板是经常被电影制作者和动画片绘制者所使用的技术，它也可以为建筑师所用，用来交流某个建筑理念的实施方案。故事板对于设计师来说是一种非常有效的工具，因为它运用字幕，并结合注释和空间来辅助解释场景和活动。故事板是一种时间和空间的二维表达形式。



1

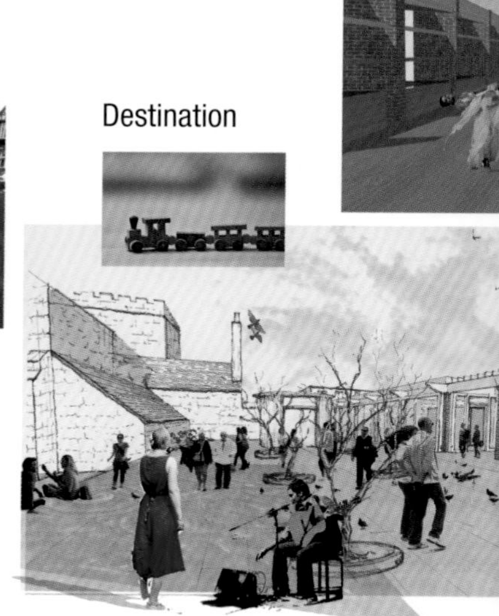


1. 用故事板呈现一次旅行
这些带注释的图像描述了在一系列城市空间中的旅行。故事板可以很容易地组合一系列的图像，并且有利于表达随时间的推移而展开的叙事或旅行。

故事板在电影制作中被用来为场景制造格局，使情节、剧本和外景融为一体，形成叙述的平台。

通常，故事板的结构或框架是一系列箱子，箱子里装满了在故事中用来刻画人物和事件的草图，并且还有注释来解释这些奔放的草图，这些注释为场景提供了更深入的细节，细致到可以描述移动的姿势并且包含更多周围的环境信息。每个电影画面的衔接都是同样重要的，因为正是这些衔接才使故事连贯起来的。

故事板对建筑师也十分有用，因为它可以解释事情如何在建筑中发生。在事情可能发生的地方利用建筑作为一种背景使授课和建筑概念以及思想以一种叙述的形式呈现出来，这种方法很奏效。

# 作品集

作品集是作品的集合与记录。对于建筑师来说，它必须满足一个特定范围的要求。它的里面是整套设计方案。作品集采取多种形式，根据不同需求囊括了多种展示技术，可以深入研究并呈现建筑设计思想。作品集中包括表达概念的草图、传统的手绘图（如：建筑的平面图、立面图、剖面图）、测绘图、抽象画、实物或CAD模型照片。作品集是工作生涯的记录，因此在汇编之前，应该先对它所面对的观众人群有基本的了解。



作品集是以传统的方式制作在A1大小的版面上，而A3大小的作品集通常用来提供简要的介绍。无论如何，版面的尺寸都将由所选择的版式设计和读者群所决定。

作品集经过制作、修改可以达到一系列的预期目标。学术作品集可以用来向客户和潜在的雇主呈现构思。其他作品集可以制作得更加个性化，可以展示许多作品，也可以只专门介绍一个方案。

无论是为了读者还是作品集本身，其中的信息都应该清晰，经过精心编辑和策划。作品集中通常不会提供辅助资料（如竞赛资料），在这种情况下，作品的清晰性和准确性就变得至关重要了。

**筹备作品集的注意事项：**

1. 选择一种排版技术（如：故事板）去组织和安排你的作品集。
2. 初期的图片册十分必要。切记一个作品集应该像一本书，有时会要求双页编排（属于同一页的内容印在左右两页上，拼成一个整页）。
3. 图片的连续性能保证从理念到细节都交代得十分准确。
4. 保证读者不必再去翻阅原著。

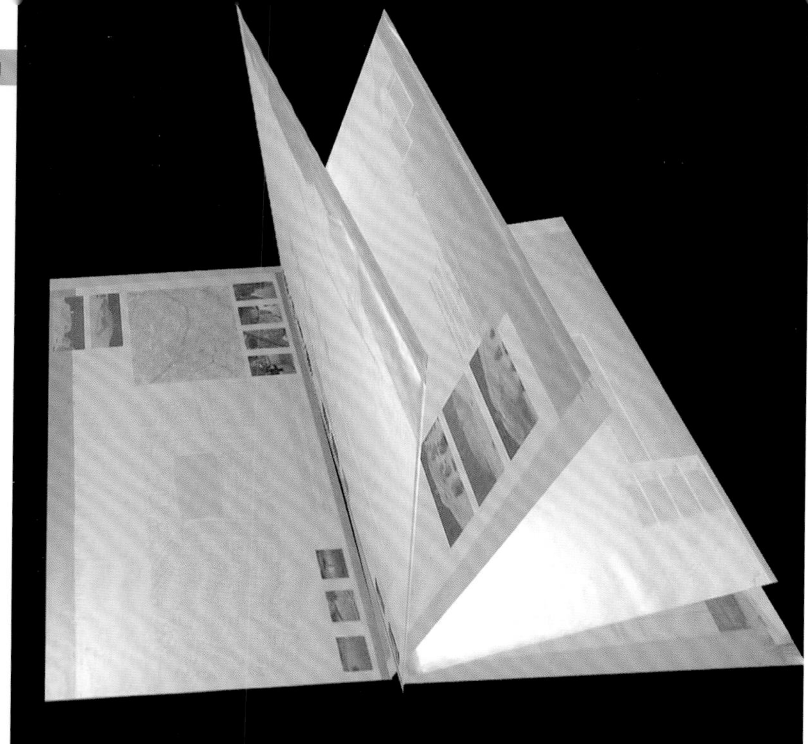

1. 学生作品集
这个A1大小的作品集展示了两张打开的景观图片是如何连接起来的。

2. 编排
为确保作品集从头至尾的整体阅读性，作品集的版面需要经过设计，内容也需要精心组织。

3. 故事板
故事板可以用为设计作品集的布局，并提供内容提要。它是把一系列书页顺理成章串连起来的一个大纲。



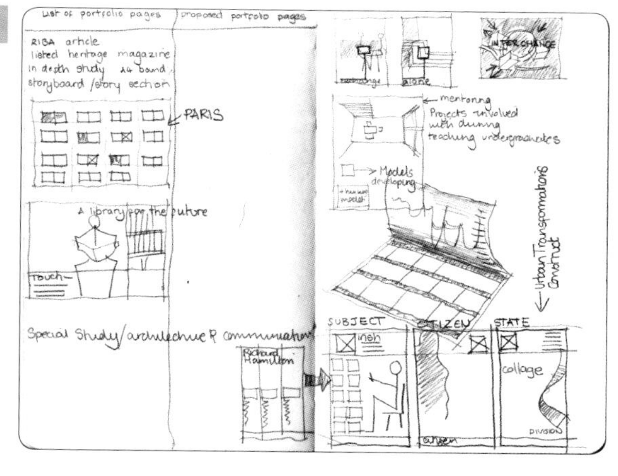


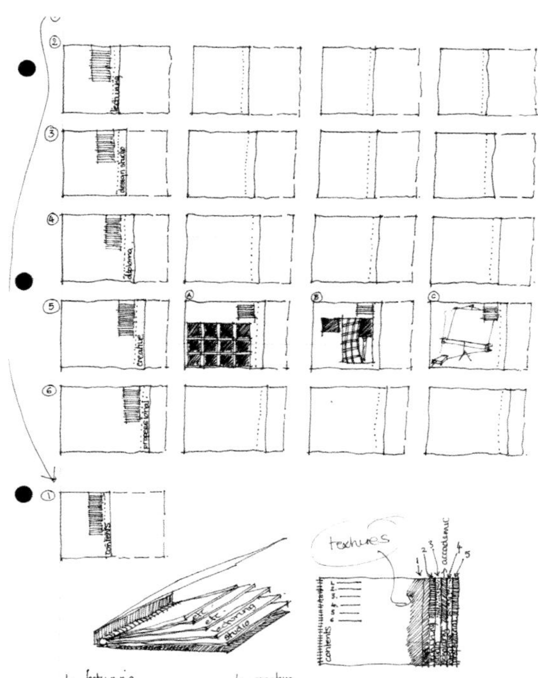

1

2

电子作品集或网上作品集，是利用数字方式制作的一张CD盘，它可以在计算机上制作和播放。这些作品是用相关软件（如：微软公司的PowerPoint幻灯片制作软件）做出来的。为编排一个电子作品集，要展示的图片必须是电子文档的。这可能意味着实物模型需要被拍成数码的形式，并在Photoshop软件中经过图像再处理和编辑，原始的CAD图纸也要经过再处理，最终上传到网上成为电子作品集的内容。

在这里很重要的一点是图集的展示方式。是将它们在电脑屏幕上放映还是放映在更大尺寸的屏幕上？画面的画质、清晰度、画面尺寸都需要调整以适应观众的观看方式。

网上作品集是通过因特网来展示的，所以它可以通过因特网在线或者下载观看。

**1. 约翰·帕尔迪事务所**
www.johnpardeyarchitects.com
一系列小图片展示了许多扩建项目，从私人宅邸到更大项目的总体规划。每一张小图都链接着一些展示工程细节的图片。

**2. Design Engine事务所**
www.designenginearchitects.co.uk
这个网上作品集在主页上有一串清晰的选项，表明了4个主要的工程项目。

**3. 潘特·胡德斯皮斯事务所**
www.panterhudspith.com
这个网站的每一页都有炫目的图片和清晰的文字描述。此外，还有一个本地网上索引帮助使用者及时了解这些实际工程。

**4. Re-Format**
www.re-format.co.uk
Re-Format是一个易于浏览的网站，其中包含有关每个项目的信息、图纸和理念。该网站还包括新闻和讨论的博客。

**5. 马克**
www.makearchitects.com
马克用网站上生动的图片创造了一个震撼的视觉效果。滚动播放的小图片将其他的项目信息一并提供给使用者。

hudspith architects
studio people projects contact
arts
education
leisure
mixed-use &
masterplanning
offices
residential
retail
christ's lane. cambridge
davygate. york
princesshay. exeter
tunbridge wells. kent
FRENCH CONNECTION
RE–
FORM
AT
Re-Format is a multi-disciplinary design studio specialising in Architecture and Graphic Design


3

4

make
a-z list
sector
completed + on site
location map
china
practice
projects
people
events + activities
contact
中文


5

case study

# 案例分析：改造项目

项目：纽约大学哲学系

建筑师：史蒂文·霍尔建筑事务所

客户：纽约大学

地点/时间：纽约，美国，2007年

有很多方法可以用于描述一个建筑项目，尤其是在施工阶段。建筑师使用详细的图纸向承包商和建筑商来解释如何建造建筑。此外，草图可用于描述空间、想法和细节。

在详细设计阶段，史蒂文·霍尔使用了绘制草图的方法让人联想到预期的空间氛围。此外，这些草图可以徒手注明来解释某个概念或想法。混合徒手画与其他类型的线图是呈现建筑理念的一个好方法。草图可以作为精确线图的补充，并可以在呆板的硬线条图中添加不同类型的动态线条。

草图可以更加人性化的方法解读建筑，并且其本身就可以成为诠释建筑的原始设计图，比如透视草图。

史蒂文·霍尔建筑事务所受纽约大学哲学系艺术和科学学院委托，对位于纽约华盛顿广场的一个历史悠久的拐角建筑进行全面的室内翻新。原建筑的历史可以追溯到1890年，它是纽约大学校园的一部分，坐落在纽约的一个历史悠久的地区，那里有许多保护条例限制其发展。

该方案的概念是组织建筑的内部空间，使周围的光线可以从其上方进入到空间内部，同时研究材料的物理性质，并且利用材料和它们带给人的直观感受。这些要点表明建筑师要挑战现有的建筑形式，并且创建新老建筑之间的对话。

作为建筑中的一个新的活力点，建筑师插入了一个旋转楼梯，让光线可以穿透整个六层楼。南向楼梯间窗户的表面上贴了反光膜，随着白天光线的变化，可以在建筑内部营造出如彩虹般的效果。

**1. 建筑的剖面草图**
此图表现出了光线进入建筑的途径，并在概念上体现了垂直连接的理念。

1

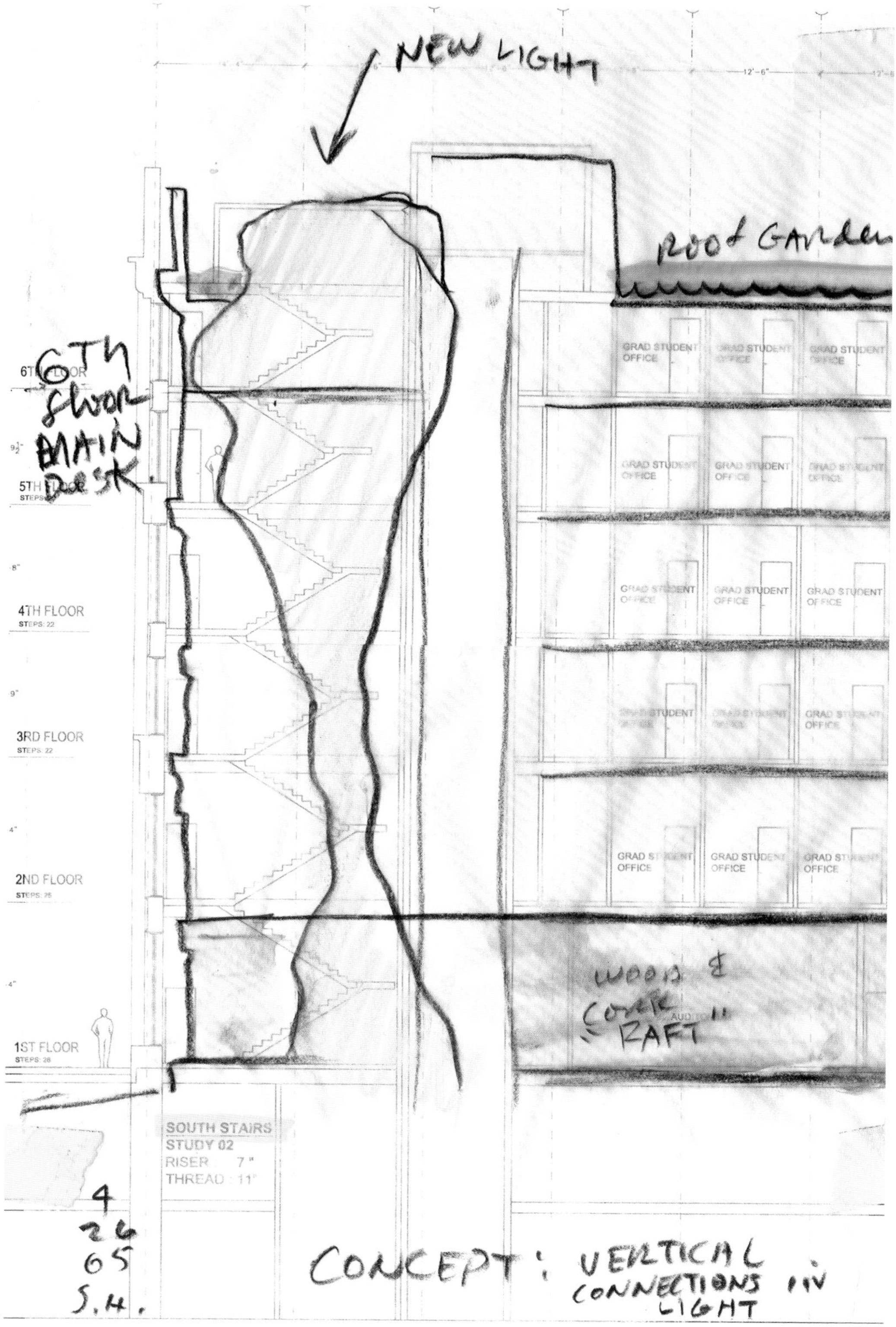

NEW LIGHT

ROOF GARDEN

6TH FLOOR
6TH FLOOR MAIN DESK

5TH FLOOR
STEPS

4TH FLOOR
STEPS: 22

3RD FLOOR
STEPS: 22

2ND FLOOR
STEPS: 25

1ST FLOOR
STEPS: 28

GRAD STUDENT OFFICE

WOOD & CORK "RAFT"

SOUTH STAIRS
STUDY 02
RISER : 7"
THREAD : 11"

4
26
65
S.H.

CONCEPT: VERTICAL CONNECTIONS IN LIGHT

**1. 开放式的大堂空间**
在经过重新设计的内部空间中，仍可以清晰地看到原有的19世纪晚期的建筑结构。

**2. 一层空间**
一层的学生公共空间与街道之间具有强烈的视觉联系。

**3. 穿孔表面**
穿孔幕墙营造了动态的光线效果。

## 交叉点

一层是整个大学的重要设施，可以起到连接各个区域的作用。出口和入口是建筑各个流线之间的交叉点，为学生们提供了重要的交流空间，并与街道之间形成了强烈的视觉联系。

在一层的平面布局中，一个新的木质的会堂以曲线的形式插入其中，所采用的建筑材料和形式也与周围的空间完全不同。位于上层的学院职工办公室装饰了不同的哲学方面的词句，包括维特根斯坦的“论色彩”。建筑师的想法是墙壁也可以成为激发一些哲学思想的工具。

1

2

3

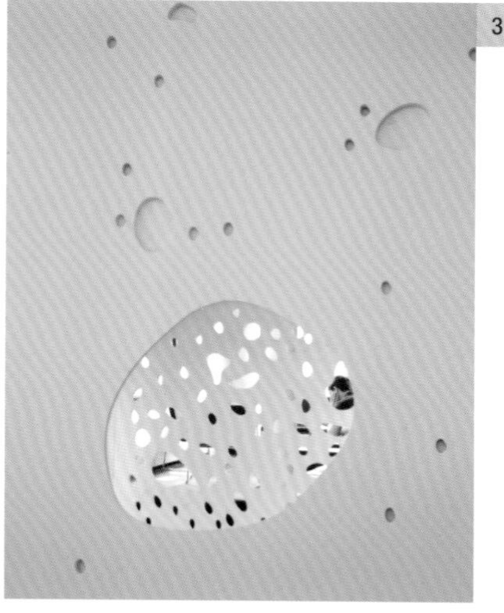

# 第四章

## 练习：合成照片

有时，一个建筑理念需要放置到一个现有的基地环境下，这种方法可以有效地展现建筑最终在基地上建造起来的样子。

将基地的一张真实图像或照片与建筑的理念草图合并起来，然后将树木和街道等图形对象进行缩放，这是沟通设计想法的一种重要途径。

请做以下练习：

1.选择背景图片，并在Adobe Photoshop中打开。

2.将图片变为黑白格式。

3.在场景中画出拟建的建筑并扫描这张草图。

4.导入草图并删除白色背景。

5.利用图层的透明度设置引入色彩和天空。

6.编辑树木作为图像的前景并且使用透明度工具进行调整。

7.在图中粘贴选择的人、动物、鸟、气球等。如果需要，可以填充颜色来创建轮廓，透明度也可以进行调整。

8.如果需要，可以调整亮度、对比度和添加过滤器，从而完成最终的图像。

**1. 伦敦市政厅，伦敦，英国**
**福斯特建筑事务所**
使用一系列建筑图片来全面呈现这个建筑的各种形象。

exercise

1

# 第五章
# 现代建筑思想

在本书中，现代建筑思想指的是20世纪和21世纪的建筑思想。建筑学很容易受到时代精神的影响，但与其他文化相比，例如艺术、设计或技术，建筑学对时代精神的反应是相对缓慢的。通常人们会用十年或更长的时间去构思、完善和建造一座当代的大型建筑或公共纪念馆。即使是通常表达时尚生活模式和品位的居住用房屋在现实中也不会立即完工。

1. 21世纪国家艺术博物馆，罗马，意大利
扎哈·哈迪德建筑事务所，1998~2009年
博物馆的内部空间仿佛由周围的混凝土雕刻而成一般。

1

1. 圆厅别墅平面图
建筑中的对称是一种理性的几何设计原则的特征。安德列·帕拉迪奥的圆厅别墅（坐落在意大利维琴察）的平面图在两个方向上呈现双边对称。红线表示穿过别墅中心的两条对称轴线。

## 通用的理念和原则

有些超越风格和时间的通用的理念和原则以各种不同的方式影响着所有的建筑。它们被分为三类：几何、形式和路线。在每一类中，大部分建筑都可以被明确地表述或定义。



### 几何

几何学依据几何原则表达空间的秩序和组织。几何学可以影响到一个建筑的平面、立面或剖面，并且会影响到建筑的每个独立的部分，如门和窗。

对称是一个组织系统，它可以反映有中心线和轴线的平面或立面。轴线可以使两个或更多明确的点之间建立明确的关系，并可以用来控制建筑的构造元素，如门和窗（它们影响景深和视野的体验以及建筑的出入口设置）。

均衡表达了一个整体中各部分的关系。在建筑中，均衡指的是尺度的关系和建筑结构元素在整个形式中的地位。

1

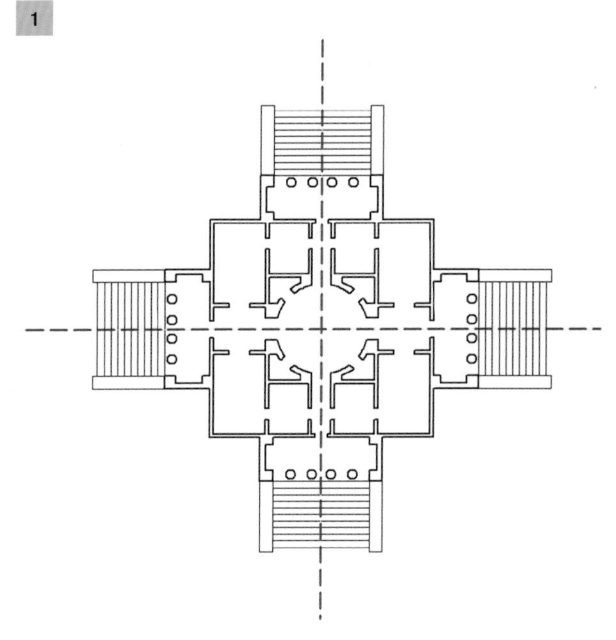

2



3

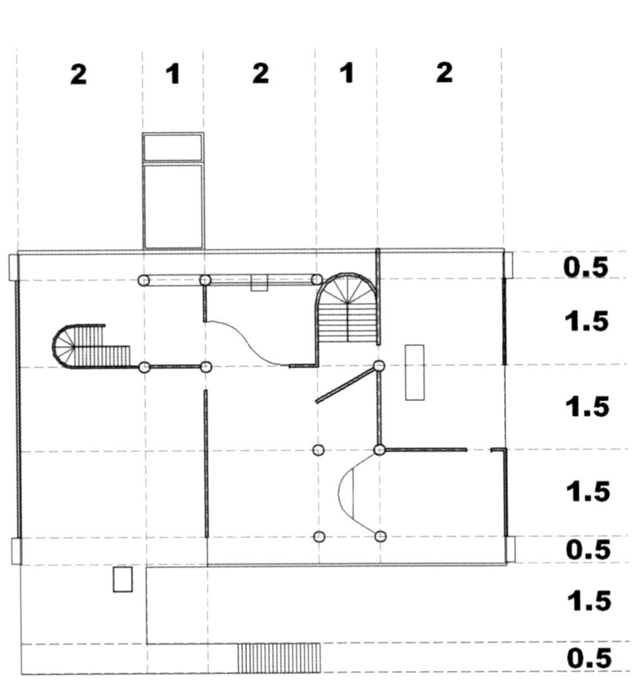


2. 凡尔赛庄园平面图

凡尔赛庄园平面图体现了庄园（建筑师路易·勒凡设计）与花园（景观设计师安德烈·勒诺特设计）的关系，展示了一个严格遵照轴线的对称体系。在每个花园中都有不同的对称式图案。在这里，红线表示统领花园和房屋的总轴线。

3. 斯坦因别墅平面图

由勒·柯布西耶设计的看似不规则的斯坦因别墅平面图是完全依据模数网格设计的：由准确的几何比例系统所控制。这个模数尺度的数值选取要适用于建筑的平面和立面，可以创造出统一的韵律。

1

1. 荷露斯神庙
这个埃及神庙据说是由托勒密三世设计的，可以追溯到公元前237年至公元前57年。神庙内有一个圣所，圣所周围被一些致密的墙体、柱廊、庄园、大厅所包围。建筑平面看起来就像是很多包围在核心空间外围的圈层。

2

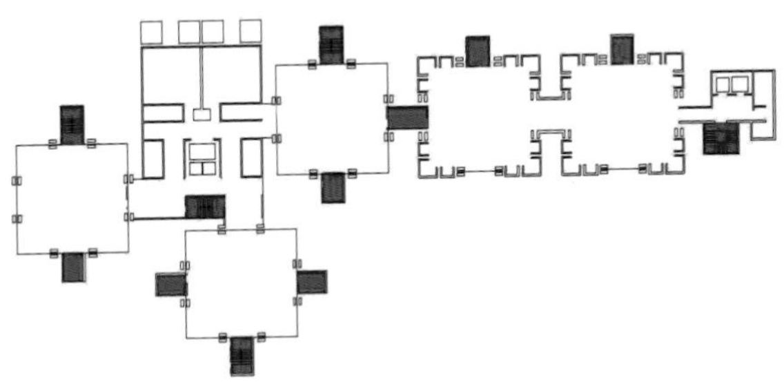

2. 费城的理查德医学中心平面图
路易斯·康最重要的思想之一就是主次空间的区分。美国费城的理查德医学中心的设计就体现了这一思想。独立式的砖砌烟囱隔离出了具有玻璃外墙的主要空间。每个主要空间都有一套完整的辅助设施和采光设备。



建筑思想可以以建筑形式的塑造等方式来表达。一些形式是动态的，具有体量感且受外观的深刻影响。这种设计思想被称为“功能服从形式”。还有的建筑形式稍实际一点，它们由内部活动或建造目的决定。这些理论都可以称为“形式服从功能”。

“主次”是路易斯·康用来描述建筑内部不同空间类型的，它可能是一个小尺度房屋或一个大规模的公共建筑。“次”空间有功能用途，如储藏室、浴室或厨房，这些空间能保证建筑正常工作。“主”空间可能是起居室、餐厅或书房，“次”空间是为“主”空间服务的。这个概念是理解一个建筑组织性的有效方式。

**路易斯·康 （1901 ~ 1974年）**

路易斯·康出生在爱沙尼亚，虽然在纽约长大，但他仍然受欧洲古典建筑的影响。康对材料和它们的构成关系十分感兴趣，并且为“主次”空间理论和平面中的等级划分而着迷。

他最主要的建筑作品是美国康涅狄格州耶路美术馆和费城的理查德医学中心，得克萨斯的坎姆贝尔博物馆和孟加拉国达卡市的国家议会大楼。

3

**3. 萨伏伊别墅平面**
勒·柯布西耶运用坡道和台阶把周围的活动与别墅内外的视野和视线连接起来，使别墅内部和周围的游览路线增色不少。Enfilade(源于法国，指使屋子连成一线，从头到尾贯通)指的是几个屋子通过彼此间的门可以互相连通，连成一线。萨伏伊别墅就是以这种方式设计的，因此这些房间彼此连通，当它们同时打开时可以形成连贯完整的路线。

**4. 维塞勒庄园平面**
维塞勒庄园平面是贯通平面设计的一个例子。它包括了一系列沿轴线彼此相连的房间。

## 路线



路线在建筑中至关重要，到达建筑入口或门的路线是来访者对建筑的第一印象。这个过程如何在建筑中延续下去，以及内外空间的连接和高差都会加深这种印象。

在一些建筑中，如博物馆和美术馆，路线可能会被作为建筑概念的一部分来设计，这些穿过建筑的路线会使参观者更好地了解和体会美术展品以及人工制品等。建筑与其周边的游览路线也会有紧密的联系，如一个散步场所会使周围的建筑或构筑物更有情趣。

4

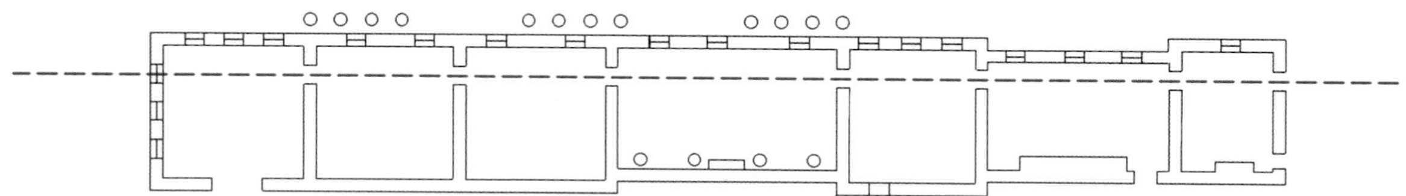

## 功能主义

“形式服从功能”这一说法是由美国建筑师路易斯·沙利文提出来的。它阐述了从另一个角度来指导建筑设计的方法，并以任何建筑都应该遵从其内部即将发生的活动来定义，而不是以曾经出现的先例和审美理念为指导。沙利文利用这些功能主义设计原则设计出了世界上第一座摩天大楼。

功能主义这一思想被奥地利建筑师亚道夫·鲁斯进一步发展。他认为“装饰即罪恶”，并引起了对“任何建筑中的装饰都是多余的”这一问题的讨论。这两位建筑师的思想为建筑设计作出了新的时代探索。



现代主义在20世纪对建筑界产生了巨大的影响，顾名思义，现代主义是由现代主义运动发展而来的。现代主义反响热烈，某种程度上也同时带动了政治、社会和文化的变更。

现代主义建筑是指造型简单、形式简约、没有装饰的一类建筑，它最早出现在大约20世纪初。现代主义建筑师遵循“形式服从功能”，“装饰即罪恶”的建筑思想，他们的建筑形式由功能和建筑内部的活动派生而来，毫无装饰，创造出了独特清新的白色空间。

到了20世纪40年代，这些风格集合起来形成了20世纪几十年中建筑设计机构的主流建筑风格。

1

2

1. Isokon的草坪路公寓，伦敦，英国
威尔斯·寇特斯，1951年
这些公寓是为了应用现代建筑理论而设计的。这种建筑很明亮，可建成，并且功能实用，家具也是根据内部空间而专门设计的。公寓内还包含了英国最早的嵌入式厨房，这种厨房为未来的居住者提供了方便且现代的居住方式。

2. 萨伏伊别墅（内部），巴黎，法国
勒·柯布西耶，1928～1929年
勒·柯布西耶的萨伏伊别墅设计推出了一种新的自由平面建筑。它的内部空间明亮，几乎没有装饰和装修，呈现出一种现实、简洁、功能实用的居住空间。



**路易斯·沙利文（1856～1924年）**

沙利文，一位因摩天大楼设计而著名的美国建筑师。钢结构建构和先进构造技术的发展为摩天大楼的出现提供了可能性(芝加哥的卡尔森·皮耶尔·斯科特百货公司是沙利文最著名的钢结构建筑)。他的成就都与“形式服从功能”的建筑思想密切相关，他所创作的建筑也因功能而各不相同。

**1. 范斯沃斯住宅，伊利诺伊州，美国**
**路德维希·密斯·凡·德·罗，1946～1951年**
范斯沃斯住宅是现代居住建筑中更为经典的例子，它在当时被认为是史无前例的。建筑将所有传统家居功能彼此连通。这座住宅的重点在于它的绝对纯净以及它与其设计思想的一致性。

1

## 现代主义建筑创始人

到了20世纪20年代，现代主义建筑中最重要的人物都已建立了自己的事业和威望。法国的勒·柯布西耶，德国的路德维希·密斯·凡·德·罗和沃尔特·格罗皮乌斯被公认为是现代建筑的三位创始人。

密斯·凡·德·罗和格罗皮乌斯都曾是包豪斯学校的校长（1919～1938年），包豪斯是欧洲诸多学校中的一所，因协调了传统手工业和工业技术之间的矛盾而著名。包豪斯是20世纪在建筑艺术设计方面最具影响力的学校之一。它的教育方式追求一种新的方法，探索设计、建造工厂和工作室这些项目的实用性和实践性的问题，授予学生各方面的知识，不仅包括建筑知识，还包括当代文化，如电影、舞蹈、艺术和产品设计。这种教育方式促进了艺术和技术的一次新的结合，激发了学生对技术、观念以及设计的思考。

## 雕塑主义

现代主义原则看到了功能对建筑最终形态和形式的影响，现代主义想要创造出灵活的不同于学院派的建筑思想。雕塑主义主张功能服从形式，建筑形体应该是设计最基本的考虑因素，建筑应使其容纳的一切功能和活动都与形式协调一致。

许多这样的建筑已成为标志性建筑，它们甚至已经成为一个城市或地方的品牌。这些建筑的形式往往有非常强烈的雕塑感或标志性，并且它们的结构体系是独特的。



有机建筑描述的是一种使建筑具有流动性和动态造型的设计方法。这种结构形式通常只有通过新型材料、辅助空间和相应的构造工艺才能建出来。最早强调有机建筑理论的建筑师是安东尼·高迪，他最著名的作品是圣家教堂和古埃尔公园（二者都在西班牙巴塞罗那），都运用了雕塑的建筑方式，达到了绝对震撼的效果。

雕塑建筑的另一个代表是弗兰克·盖里的作品。盖里的建筑思想最初也是出于雕塑主义建筑。由于材料的灵活运用，雕塑建筑都运转得很好。一个典型的例子就是盖里在西班牙毕尔巴鄂设计的古根海姆博物馆。这个美术馆使用厚重的石灰石块，并用钛金属作表皮，形成墙和屋顶，折射并反射阳光。材料和形式的协调配合与线形的城市形态形成了强烈对比。

雕塑建筑和有机建筑在设计过程中都需要将建筑中的所有建筑元素以戏剧化的形态或形式表现出来。这种建筑最大的示范作用在于：室内与室外的建筑体验共同作用，从而给参观者留下十分深刻的印象。

1

2

3

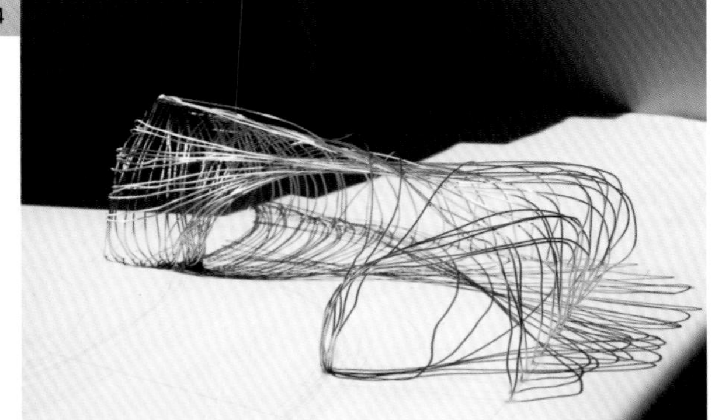

4

**1. 圣家教堂，巴塞罗那，西班牙**
**安东尼·高迪，未完成**
圣家教堂有着极丰富的装饰。它比起建筑来更像一个雕塑。它的外表面像流动的液体，展示出一种质朴和不加掩饰的品质。它打破了人们对厚重的石结构所持有的偏见。

**2. Frederick R. Weisman 艺术博物馆，明尼阿波利斯，美国**
**弗兰克·盖里，1993年**
这个博物馆是功能服从形式的优秀范例。盖里用简洁的形式来决定建筑本身及其材料和形状。

**3.&4.学生作业**
学生尝试利用材料创造出具有雕塑感的形式。

1

2

## 雕塑感的内部空间



建筑可以拥有夸张的外表，有机的或雕塑感的形式，同时也可以拥有戏剧性的内部空间体验。地面、墙体、屋顶都可以打破常规，或溢出，或凹进，由此创造出极其震撼的效果。倾斜的天花板和地板连在一起创造出令人难以置信的夸张效果，拓展了空间内的方位感。同样，墙的建造形式使人感觉空间增高了。这产生了一种视觉错觉，置身其中，我们的空间方位感已经被材料和形式的吸引力所掩盖了。

这种建筑创造了一种令人始料未及的境遇，倾斜的地板和墙体制造出一种失重感。在这种建筑中，所有问题都要重新考虑，从照明到家具，以至于墙上和床上的缝隙。建筑内外的关系尤其具有戏剧性。新型轻质合成材料已经使这种建筑的实现成为可能。

**1. 费诺科学中心，沃尔夫斯堡，德国**
**扎哈·哈迪德，2000～2005年**
这座建筑打破了以往和传统的建筑形状和形式。它极具体量感和灵活性，是扎哈思想的集中体现。费诺科学中心是建筑史上新的里程碑式建筑，它的形态如此灵活，就好像是生长在这里的大地景观，在不同的高度上设有不同的水平展示空间。它的空间完全打破了作为建筑的概念，人们无法界定出墙、地面和天花板的边界。

**2. 体育中心，学生作业**
该方案是由一个建筑系学生完成的。他的方案展现了体育中心的内部结构与空间。屋顶的概念是用一个雕刻的表面来反射自然光。

## 纪念主义

对于一个纪念性建筑来说，其纪念意义远大于其本身的形式和功能。它的尺度和象征意义都可能是纪念性的。纪念碑是为历史上重要的事件和人物所建造的。这些建筑中的一部分保存至今。它们是我们现代文明的一部分，比如巨石阵和埃及金字塔。那些与一个城市或一种文明密切相关的并淡化了自身功能的建筑，就被称为纪念碑式建筑。历史悠久的建筑不能被取代，而且在它们所代表的年代的建筑中是具有象征意义的。



### 双重目的

一些建筑已经成为它所在地方的标志并成为这个地区的代表。一旦谈到某个大城市，人们都会联想到一个建筑物或构筑物，如华盛顿的白宫、伦敦的白金汉宫或巴黎的卢浮宫。所有这些建筑都有着超越建筑本身的意义，它们已经成为它们所在城市的象征。

还有一种更现代的建筑或空间概念，它的功能与纪念碑类似，都是用来庆祝重大事件的，是一个文化场所（可能兼有文化性或民族性）。这些例子包括时代广场、悉尼歌剧院、埃菲尔铁塔以及特拉法加广场。

国会大楼建筑也是纪念性建筑的一种，因为它们具有民族象征性并且通常与一种文化相关。一幢新的国会大楼需要在建筑形式、材料和坐席上都反映出民族特性。

德国国会大楼利用材料加强了它在建筑艺术和政治方面的象征意义。这个19世纪的建筑在1999年经福斯特事务所重新设计和构思，利用一种透明的结构对建筑进行加固处理，而这种构造是为了反映政府开放民主的理念而专门设计建造的。

玻璃穹顶结构的内部设有一个坡道，因此每个人都可以从议事厅上方看到下面的会议活动。可以说国会大楼是德国重新统一和重建的一个标志。

**1. 国立图书馆，巴黎，法国**
**多米尼克·佩罗，1989～1997年**
国立图书馆被法国人民所熟知，那是因为“TGB”（巨大的图书馆）打破了人们对图书馆空间及其在城市中所扮演的角色的原有理解。进入图书馆要爬过许多级台阶，到达有塞纳河那么宽的平台上，再乘下行的扶梯才能进入图书馆。

## Zeitgeist

德语里的Zeitgeist指的是时代精神。在设计中，观念的变化和更替是不可避免的。时代精神逐渐变成一种现代社会和文化现象的反映。建筑可以体现一个历史年代，并且坚固耐用的建筑在经历了许多时代后仍然可以保存下来。



## 国际文脉

在20世纪初，设计是现代主义思想和方法的反映。现代主义风格和它对材料及形式的运用源于欧洲，但并非适用于所有情况。现代主义在世界上其他领域内也有巨大影响。“国际风格”这一概念指的是一种能适应所有文化的设计和风格。

“国际风格”还有一个功能，就是设计方法不会因地域、区位和气候而不同。它被称为“国际风格”的一个原因是这种设计方法不反映建筑所在地的历史和语汇。后来这一特点被认为是国际风格最主要的缺点。

为了与当地环境相协调，现代主义风格已经做了一些调整。奥斯卡·尼迈耶在巴西的一个建筑作品和路易斯·巴拉干在墨西哥的一个作品是这种风格的两个实例。它们的风格在形式上是现代的，但根据当地的传统运用了更加大胆的造型和色彩。

**1. 慕尼黑中心机场（MAC），慕尼黑，德国**
**墨菲/扬建筑师事务所，1989～1999年**
慕尼黑中心机场被定义为全球化时代的建筑。这个机场的内部包括了运输、商业、技术和景观，将旅行、工作、购物和娱乐等诸多功能联系在一起，使自身成为一次完全的建筑体验之旅。

**2. 议会大厦，巴西利亚，巴西**
**奥斯卡·尼迈耶，1958～1960年**
尼迈耶组织了一次巴西的城市规划竞赛，胜出方案出自他的良师兼益友——卢西奥·科斯塔之手。尼迈耶负责建筑设计，而卢西奥负责城市规划工作。

作为现代主义思想的领军人，尼迈耶设计了大量的住宅、商业及政府办公建筑。在这些作品中有总统官邸、众议院、巴西国会大楼，还有许多住宅建筑。从天空中俯瞰，可以看到巴西利亚由许多重复建筑的元素组成，形成了强烈的统一感。

1

2

**1. 巴塞罗那现代艺术博物馆，巴塞罗那，西班牙**
**理查德·迈耶，1994～1996年**
迈耶的建筑设计有着一贯的方法和风格。清爽、洁白而明亮的空间和光影变化共同创造了空间的趣味性。他设计了许多独特的博物馆，它们都为内部展出的作品提供了一个简洁的背景。

# 材料

了解材料的功能和局限性是建筑建造的重要因素。无论是关于材料的发展史，还是关于材料应用的创新实验，这门知识都为设计过程提供了帮助。

建筑材料的品质与它的产地、外界环境、用途和使用者都有关系。这些方面都对材料有不同的要求，但材料工程设计必须协调建筑内部与外部的所有需求。对于建筑师来说，掌握这门知识的重点在于如何将不同的材料放在一起，彼此混合并使它们优势互补，和谐共存在一起。

2. 巴塞罗那馆（内部）
路德维希·密斯·凡·德·罗，1928～1929年
这是巴塞罗那馆内部一片混凝土墙的细部，这座建筑是由玻璃、大理石和多种材料混合建成的。

## 风格

风格反映的是一种文化，它可以被看做是时尚或潮流趋势。在建筑中，就像许多其他文化艺术形式一样，通常这些风格就被称为“主义”。古典主义是由文化和建筑所造就的一种风格。简单来说，现代主义受到了20世纪20年代和30年代文化的影响。

这些风格的名称五花八门，有些是标新立异的，也有一些是比较平和的。关键是我们要看到每种主义所一贯保持的风格对这个世界产生的影响，并且要记住无论是历史的、文化的或是社会的，所有的设计都来自于对先例的学习和理解，而关于设计的前瞻性和独创性的见解都来自于对现代文明的预见和适应。

建筑风格问题与其他方面问题是不同的，因为它同时包括审美方面和使用方面的特征。如果建筑与当下的流行文化趋同，那么它就会很快落伍。这个问题是所有建筑都不得不面对的问题。最经得起考验的建筑理念和思想都已经与变化的文化、使用者和功能相适应了。

# 案例分析：与城市景观相结合

项目：21世纪国家艺术博物馆（MAXXI）

建筑师：扎哈·哈迪德建筑事务所

客户：意大利文化部

地点/时间：罗马，意大利，1998~2009年

当代思想代表了最新的建筑表现思想，它紧抓时代精神，就建筑思想而言表现了“时代的精神”。建筑需要反映出很多想法，这些想法可能来源于社会的很多领域，或者是受艺术、雕塑及技术等方面的影响。

扎哈·哈迪德极具雕塑感的建筑非常有特色，这不仅表现在建筑外部，而且建筑内部空间也同样如此。扎哈·哈迪德的做法是运用新的方式来利用建筑材料，使它们以富有雕塑感的形式表现出来。 她的空间设计是三维立体的，挑战了传统的设计理念。

例如，由扎哈·哈迪德设计的21世纪国家艺术博物馆（MAXXI），主要关注了材质与光线的运用，因此这个标志性的建筑同时具有了鲜明的风格与特点。

位于意大利罗马的21世纪国家艺术博物馆在2010年完成。该项目的设计理念是与周围的城市景观相互呼应，在某些地方与地面相连接，而在其他地方却又相互分离。

进入大楼的主要路径是连接该区域与附近的台伯河的道路。以一个与主要水道连接的地方作为起点，建筑的设计是在各个连接点跌落，这样就跳出了基地的局限。建筑内部的流线是博物馆外部流线的延伸，将博物馆与周边城市环境紧密联系起来。

该项目的建筑元素也与博物馆外部的几何形式相互呼应，同时也与城市网格相融合，体现了罗马的城市肌理。与城市的关系是体现建筑特征的关键，这包括建筑内部与外部的交流与循环。这座博物馆不仅是一个标志性的文化建筑，而且是与周围城市相融合的。博物馆成为了城市的景观，以及公共空间的一部分。

博物馆内部空间拥有强烈的形式感，其中的建筑元素就像在一幅巨大的画布或背景下展示的赏心悦目的艺术品，为画廊空间提供了一个动态的背景。

画廊包括一个细长的展览空间，在建筑中蜿蜒前行，营造出一种迷宫的感觉。该空间使用了动态的曲线形式，而且它本身就成为了建筑内的一个雕刻元素。艺术品不是被安装在墙壁上，而是被连接到可调节的隔板上，以确保在该画廊中可以完成不同主题的展览。

该建筑运用混凝土材料有效地为艺术品提供了一个充满活力的背景。

该方案的主题是解决建筑内部空间关系和建筑本身与周边城市环境的关系。

1

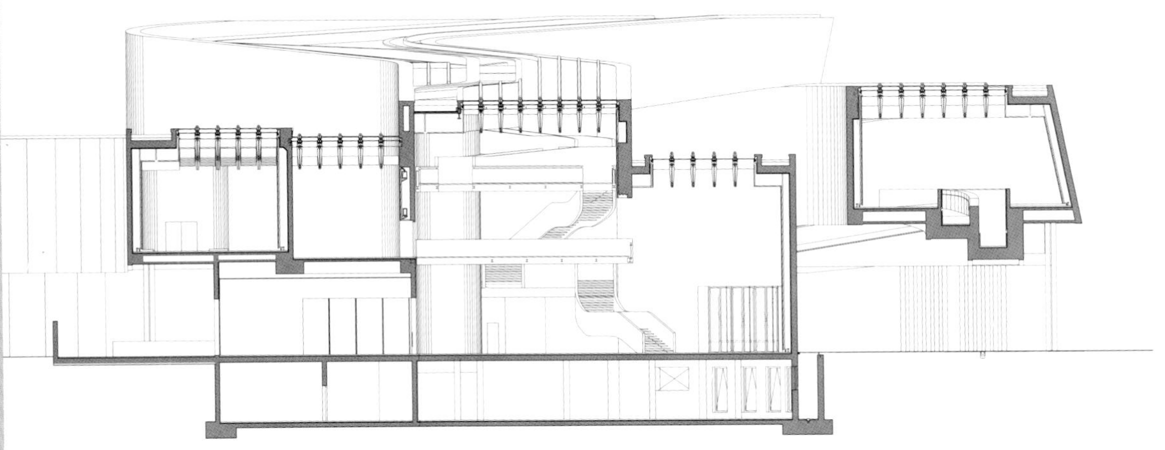

**1. 21世纪国家艺术博物馆的建筑剖面，罗马，意大利**
**扎哈·哈迪德建筑事务所**
建筑剖面展现了双层高度的空间，以及其与画廊空间之间的关系。

**1.&2.内部光**
内部空间都经过精心设计，运用自然光更加突出了混凝土表面的纹理。

**3.&4.材质对比**
展览墙上的白色展板与混凝土墙和结构形成鲜明的对比。

3

1

4
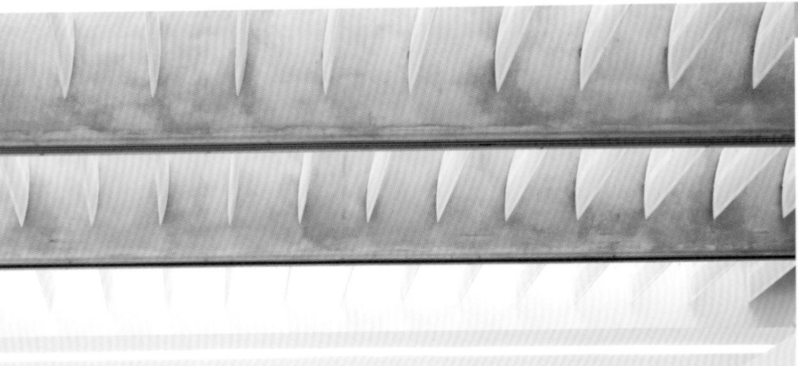

2

5

6

7

**5. 外在形式的对比**

外部建筑形式具有极强的雕塑感与活力。

**6.&7.光与运动**

建筑内部混凝土结构决定了建筑的流线，为强调楼梯采用了人工照明的形式。

# 第五章

## 练习：分析图

建筑设计是要大家领会设计的概念，这是建筑设计的首要关键点。设计的理念最好是由简单的分析图来解释，但是，将设计理念转化为简单的图形是一种挑战。

首先要明白建筑是如何设计的，以及设计这个建筑的最基本的想法，比如几何形式、出入口和建筑流线的设计等，这些都可以出一套分析图纸，帮助你用最简单的方式解释清楚设计想法。

请做以下练习：

选取一个平面或剖面，确定关键的设计概念，如长廊、流线、建筑出入口、主要空间和辅助空间等，并考虑这些元素之间的层次关系。尝试画出建筑的形式，越简洁越好。

在161页上是由密斯·凡·德·罗设计的巴塞罗那国家馆的分析图。这个建筑设计的主要特色是四周的墙壁和自由的平面，使屋顶呈现出一种漂浮感。

建筑被设计为简单的框架结构，因此墙体可以被认为是非结构性质的，因此建筑的墙壁、屋顶、开口和表面都具有很强的灵活性。

exercise

**1. 巴塞罗那国家馆的分析图**

巴塞罗那国家馆的一系列分析图是为了表现其建筑设计理念。

1

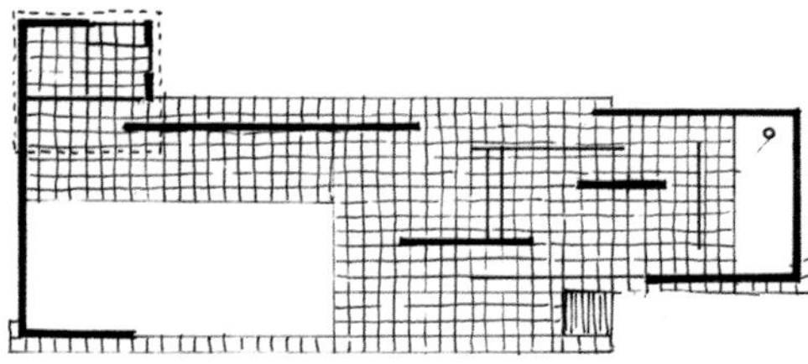

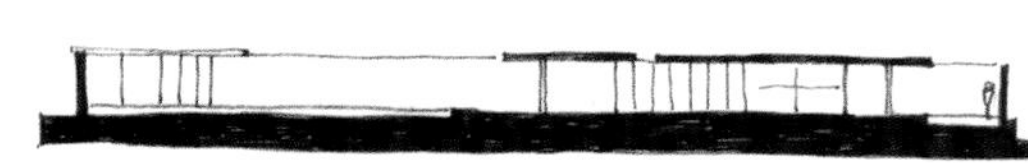

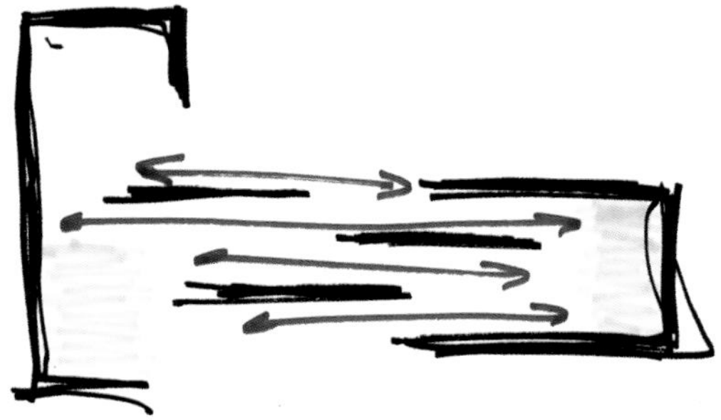

# 第六章
# 实　现

这一章探索建筑方案的开始与结束，展示了建筑方案在每个阶段是如何实现的。这个过程是一段旅程：从最初的概念到结构的完成，这是一个依附于建筑的故事。从概念上的思考到实际的建造过程，每一个工程的每一个阶段都将展示出各种不同的技术。这一章将每一个阶段都看成是一个“真正”的工程。

1. 南伦敦画廊（SLG），英国6a建筑事务所，2010年
6a建筑事务所翻新了毗邻南伦敦画廊（SLG）的废弃房屋，并将之改造成博物馆。

1.概念 (172页)

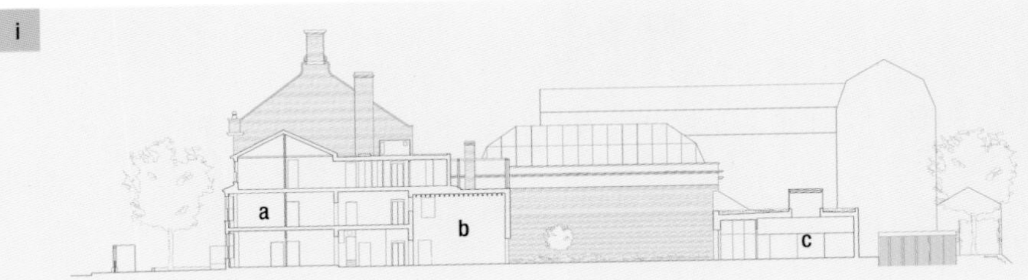


i 建筑剖面图

a: 废弃的67号联排建筑

b: 三层高的新增扩建部分

c: 新的克洛尔教育工作坊

2. 场地分析 (174页)

ii 施工前的基地情况

iii 现存的裸露砖墙

iv 施工中暴露的木制框架

3. 设计过程 (176页)

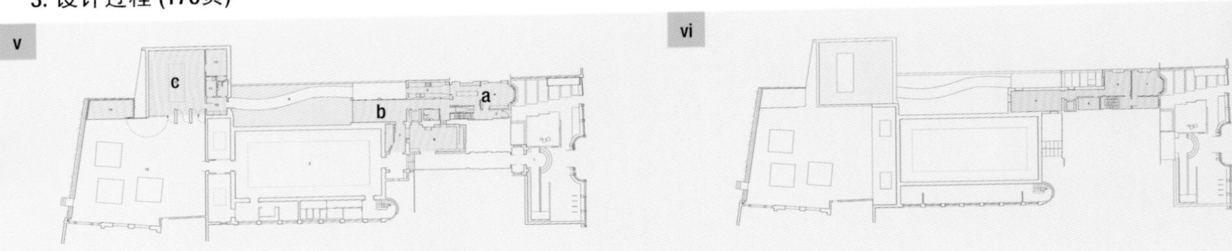


4. 细部深化 (178页)

5. 完工 (180页)

# 工程进度

根据时间和复杂程度，工程会随着时间改变，但每一个实际的工程都向我们描绘了建筑是怎样建成的。这条时间线向我们展示了在实际工程中的5个关键环节：概念、场地分析、设计过程、细部深化、完工。时间线中的每个部分都会在后面的章节中被详细地描述出来。

vii

v 一层平面图

vi 二层平面图

vii 屋顶平面图



xi

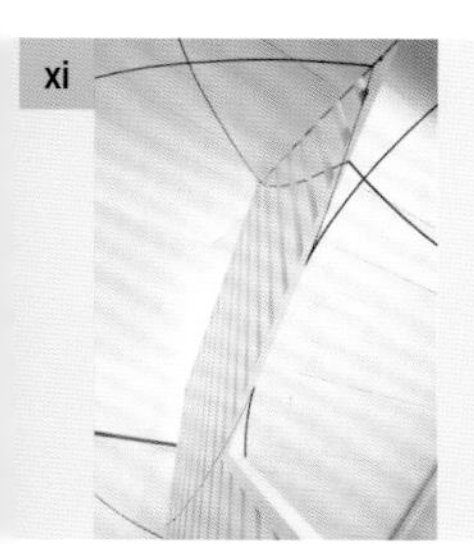

viii 位于基地后方的克洛尔教育工作坊

ix 面向花园开放的墙体

x 正在建设中的新空间

xi 67号建筑的楼梯附有艺术品，展现出了动态的美感

xii 67号建筑更新的配件，反映出了原住宅的建筑规模

xiii 这是一系列艺术品中的一部分，这些艺术品被组装成一个临时设施，以纪念画廊的开幕展

xiv 受南伦敦画廊委托，恩斯特·卡拉梅勒将其临时作品在开幕展上展出

xv 学习室及保罗·莫里森设计的金箔壁画

xv

# 项目

项目主要是对南伦敦画廊（SLG）进行扩建，这个始建于1891年，位于伦敦的一个小画廊，作为当代艺术展览和艺术事件的呈现者，具有综合的教育意义。按照伦敦惯例，画廊是由6a建筑事务所主持设计的，旨在新增一个画廊空间、一个咖啡馆、一个专门为艺术家设计的公寓和一个新的教育交流大楼。6a建筑事务所通过三个步骤实现了这一目标。首先，翻新邻近的废弃房屋，改建为咖啡馆、艺术家公寓和新的展览空间，同时增加了一个三层的扩展空间，与主馆相连，并将之命名为“松平之翼”。

他们利用在第二次世界大战中被摧毁的老演讲厅的砖墙，设计了一个新的教学楼——克洛尔教育工作坊。设计中使用的两堵幸存的墙壁，不仅融入到了画廊现存的花园中，而且与基地后方的新的福克斯花园联系起来。

1

1.现有空间和材料。

2.建筑原有的街道立面。

3.建筑的原规划。“a”表示原来的画廊空间，“b”为新克洛尔教育工作坊的基地位置，包括两堵在第二次世界大战中被摧毁的老演讲厅的砖墙。

2

3

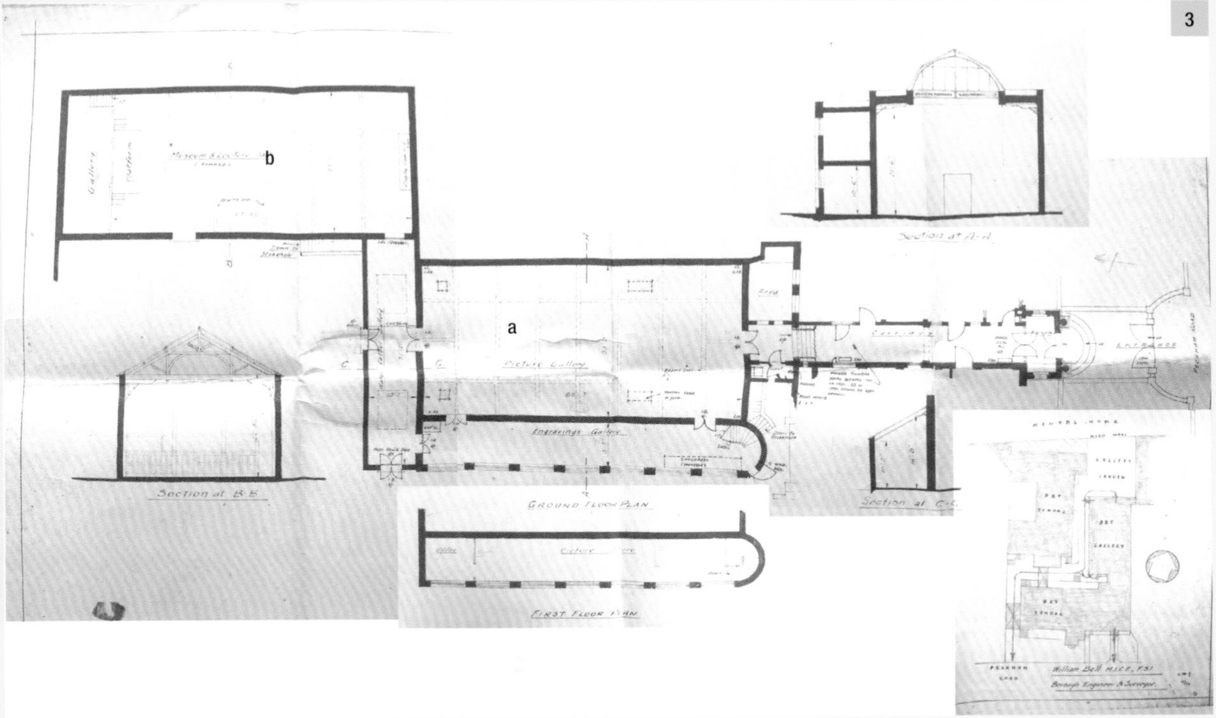

# 贡献者及其角色

任何项目的实现都需要大量人员的参与，而团队的每个成员在设计和建造的各个阶段起到不同的作用。团队合作的融洽和团队内部信息的有效交流是项目成功的关键。

下列为项目团队一览表。一些小的项目需要很少的团队成员，而一些专业项目在不同阶段则需要从项目经理到专业工程师的多方面人员的支持。



## 客户

客户是项目的发起者、资金的提供者以及建筑的最终拥有者。最好的客户会对建筑拥有自己的期盼，这些期盼将被转化为一系列的行动以及客户预期建筑所提供的功能。例如，他们会对建筑所提供的内部和外部环境有自己的预期，或者对于建筑的象征意义提出自己的想法。

所有这些需求、期待以及功能，随后将形成一份任务书，作为建筑师工作的出发点和标尺。

## 测绘员

测绘员测量建筑的各个方面：材料和构造，绘制现存建筑的图纸，标明位置和标高。这些信息可以使建筑师在设计之前对场地的各项参数有更好的理解。例如，场地的斜坡就会影响建筑的设计。

这些人也会参与到场地和建筑边界的设定中。一些像历史建筑测绘员之类的专才对老房子非常了解，这是很有价值的。

数量控制员通过详细列述建筑材料来估算建筑的工程造价。同任务书以及测绘图一起，这些东西形成有关建筑如何建造的合同或指示。

## 工程师

工程师关注于设计的科学理解和技术应用。总之，他们设计连接建筑的系统，包括结构、采暖、通风和电气。

结构工程师和结构的各个方面打交道，包括框架、基础和立面。他们提出建议、采纳想法并最终设计建筑结构的各个方面，从总体框架到细部，例如固定部件的尺寸。结构工程师论证结构可行性，并使结构合理化，以实现建筑想法。

机械工程师从广义上说，负责机械设备的设计、完善与安装。具体到建筑方面来说，是指建筑机械、供暖、通风系统的设计者。这些系统需要联系设计理念进行仔细的思考，进行专门的设计，并且与设计理念成为一个整体，这样才能与空间材料和建筑概念完美结合。

电气工程师与机械工程师的合作十分密切，他们设计并总体把握建筑的电气系统。在更大的工程中，电气工程师与光学顾问一起工作，为建筑提供一套专门的照明系统。

声学工程师与声音控制的各个方面打交道。他们懂得声音是如何通过建筑材料进行传播的，并能建议一套规格从而影响建筑使用者的听觉感受。当建筑需要适应各种各样的功能时，声学工程师能够就构造的各个方面——如墙体与楼板提一些建议，来减少声音的传播。不仅如此，他们还能就材料规格提供建议，来改变空间声音的品质。

## 景观建筑师

所有建筑都坐落于一个地点或场所内。景观建筑师所要考虑的就是如何将建筑与周围联系起来。

景观建筑师从对场地的分析入手，理解特定的气候条件，如降雨量、日照总量与温度变化范围，并且对本地的植物与它们的种植条件进行了解。

景观设计同时也对建筑的外部空间的流线方面进行考虑，包括与这些空间有联系的行为。优秀的景观设计将一座建筑与场地紧密地联系在一起，补足建筑所有方面，并且与建筑不可分离。

## 承包人

建筑承包人是物质上的建筑建造者，他们处理工程师、建筑师与测量员提供的信息。通常他们在工地上被项目经理或者建筑师所指导。一些工程也许会得到一些转包商或专家的服务，他们用一套特殊的方法来行事，或者利用特殊的技术。

建筑承包人掌握着工程的进度表，他们从项目的开始就要明确材料、工匠与服务都能够协同工作，促进建筑的建设过程顺利进行。由这些各种各样的服务构成的整体决定着建筑最后能否成功建成。

# 项目任务书

项目任务书是用来限制与定义工程规范，决定功能、建造、材料和场地关系等方面的。项目任务书最初是用来回应客户对场地的要求，后来逐步发展成为向项目需求提供详细的信息。这些信息包括对场地的评估、生活必需要求、内部设计要求和对装置器具的特殊要求。



委托人在委托6a建筑事务所翻新邻近南伦敦画廊的一个废弃的维多利亚式房屋时，就要求其提供额外的画廊空间、一所艺术家公寓和一个咖啡馆，从而增强来访者的体验感。另外，还要求在附近设计一个教育工作坊，从而提供成千上万人每年在画廊的工作空间。

设计特别要求画廊扩建不能失去原有维多利亚式建筑的“灵魂”，其公共建筑的特性不能被掩盖。因此，需保留原有建筑的特点，并赋予其画廊的功能，为来访者提供新的让他们印象深刻的空间。

6a建筑事务所做到了这些并成功启动了该项目。建筑师们试图保持“住宅”的空间尺度，这也是现存建筑的主要特点。6a建筑事务所解释到，他们容许产生新空间，从而“维持前后房间的原始布局，但建筑的语言是抽象的和逐渐消失的，这就像图画一样会随着时间而逐渐褪色”。

任务书还要求新的福克斯花园成为一个关键的空间，其设计和完成是决定空间转换成功与否的核心。花园住宅的规模，高大的公众形象，必将会吸引来访者从室内进入更大的公共空间。

1. 学习室
两层高的学习室正对着新的福克斯花园，内有保罗·莫里森设计的金箔艺术品。南伦敦画廊最初将金箔片作为开幕时的临时设计，但最终决定将其作为房间的一部分永久保留。

## 概念

概念是项目的主导性想法，与所有历史上的和风格上的先例一样，它对建筑功能、场地和任务有所反映。

将概念从草图逐步深化到一座有着完善功能的建筑，而同时这座建筑又与最初的想法有关，这是一个挑战。正因为这样，建筑项目的概念需要组内的所有成员弄清楚并理解，这样他们才能在建筑的各个发展阶段互相交流、各尽其能。



## 项目概念

项目设计概念关注了历史建筑对综合性和敏感度的回应。6a建筑事务所最大的挑战是在保存现有建筑的前提下扩大南伦敦画廊，为实现这一目标，设计者们通过创造三个空间分散了场地，从而完整地保留了主要空间。内部空间和外部空间的新秩序扩大了活动的范围，同时建立了新与旧、内与外的建筑对话。

翻新和扩大邻近房屋形成了新的“松平之翼”，在重建的同时，非常谨慎地保留了住宅环境和原有的功能。

**1. 翻新住宅空间**

翻新南伦敦画廊邻近废弃房屋的主要挑战之一，是将住宅空间融入到公共领域中，又不失原有的亲密感。6a建筑事务所利用关键要素完美地实现了这种平衡，如使用附有加里・伍德利作品的精致楼梯。

**2. 剖面图**

新建筑的设计剖面图贯穿了整个院落空间，显示出了建筑从内到外的整体关系。

a：67号，原本废弃的房屋被翻新为一个咖啡馆和画廊

b：新花园房

c：福克斯花园

d：新克洛尔教育工作坊



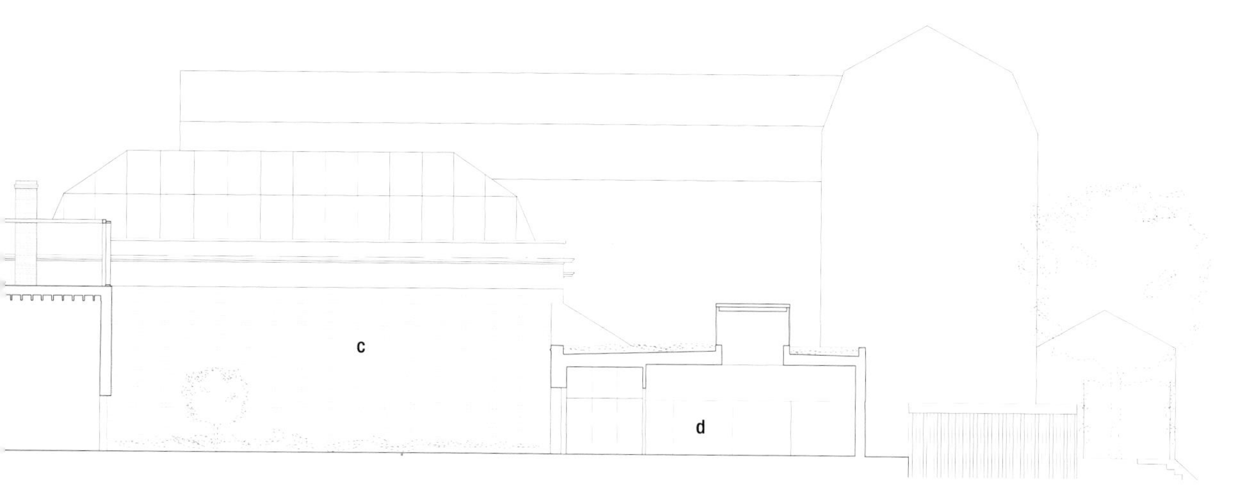

# 场地分析

场地分析是对建筑场所的特定因素进行分析而得出设计想法的过程。例如，历史上的建筑，在建筑设计与建造技术方面，受地域性、气候变化与平均温度的影响，这些因素影响着建筑室内外的关系。所有这些条件，还有其他的更多因素，都对设计想法有影响。

对紧邻场地与周围区域进行分析可以使设计与场地和文脉有更密切的联系。



## 项目的场地分析

南伦敦画廊（SLG）始建于1891年，位于佩卡姆乡道旁、其创始人威廉·罗斯特别墅的背后。1905年，别墅被拆除，修建了坎伯威尔艺术学院并保存至今。南伦敦画廊的建筑中心有大型天窗，整体为优雅的矩形，被公认为是伦敦最优秀的展览空间之一。

来访者在街道上无从知晓主空间的规模，但其真正的尺度却令人印象深刻，特别是进入主空间前狭长的走廊，更增强了来访者的惊喜感。建筑的这种独特魅力的设计灵感来自于艺术家们，也正因为如此，形成了南伦敦画廊的国际声誉。南伦敦画廊展示了当代英国艺术家们的风采，如瑞安·甘德、史蒂夫·麦奎因、伊娃·罗斯柴尔德和迈克尔·兰迪，同时也树立了艺术家们的国际形象，如克里斯·伯顿和阿尔弗雷多·加尔。

废弃的房屋和花园毗邻南伦敦画廊，它们的比例和建设模式与优雅的画廊截然不同。6a建筑事务所面临的挑战就是将住宅与公共建筑相融合，产生统一的空间，满足各种功能的需求。

1. 之前的花园

2. 现存建筑的材料

1

2

# 设计过程

一座建筑的设计过程是一段未知的旅途。它起始于一个概念，可能表现为一系列的草图或者一些模型。但是随着设计的深入，客户必须去决定设计的主导想法。这些关系到单独空间的利用、建筑内部与周围的功能性需求、材料的使用，还有热工、通风与照明方式。所有关于以上要求的决定都会补充最初的设计概念。在设计过程中，十分重要的一点是设计的主导概念要一直坚持下去，任何决定都不应该破坏概念的完整性。



## 项目设计过程

对6a建筑事务所来说，南伦敦画廊的项目设计过程包括与委托人密切合作，满足他们的要求，确保艺术品的可欣赏性以及公众的综合体验。同时，还要确保包括结构和材料在内的原始部分仍然是建筑内部的重要特征。

原始的木屋顶结构已经暴露在外并被漆成白色，不仅展示出房屋废弃前的状态，而且呼应了裸露在主画廊内、极其壮观的桁架。这一想法激发了新空间的产生，包括连接房屋和主空间的两层高的房间，以及主体建筑附近的克洛尔教育工作坊，这些新空间都由住宅逐渐转变成了宏伟的公众画廊。

新建筑的其他构思通过不同的空间得以统一，同样赋予了它们鲜明的个性。砌体被粉刷或是裸露在外，瓷砖以对角线的模式铺设在建筑内外，并且处处都强调了光线的作用。

令人惊讶的是，无论是内部或者外部空间，都显示出了集群建筑如迷宫一般的魅力，吸引着来访者从一个空间进入到下一个空间。透过高层的窗户或是艺术家公寓的屋顶露台，可以看到南伦敦画廊夹在本世纪初修建的艺术学院和20世纪50年代建设的住宅地产之间，越发凸显了其在内城区中心地带的特殊地位。

1.2.&3.建筑的一层、二层及三层平面图

1

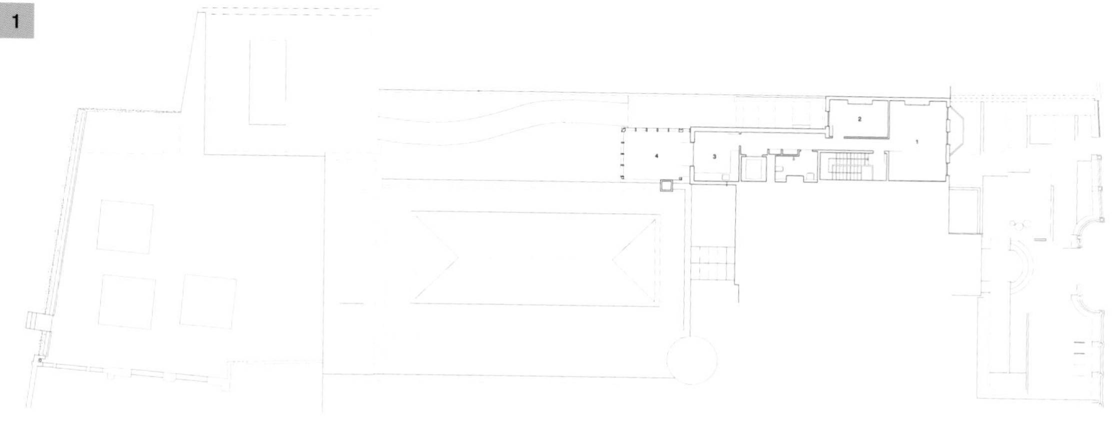

2

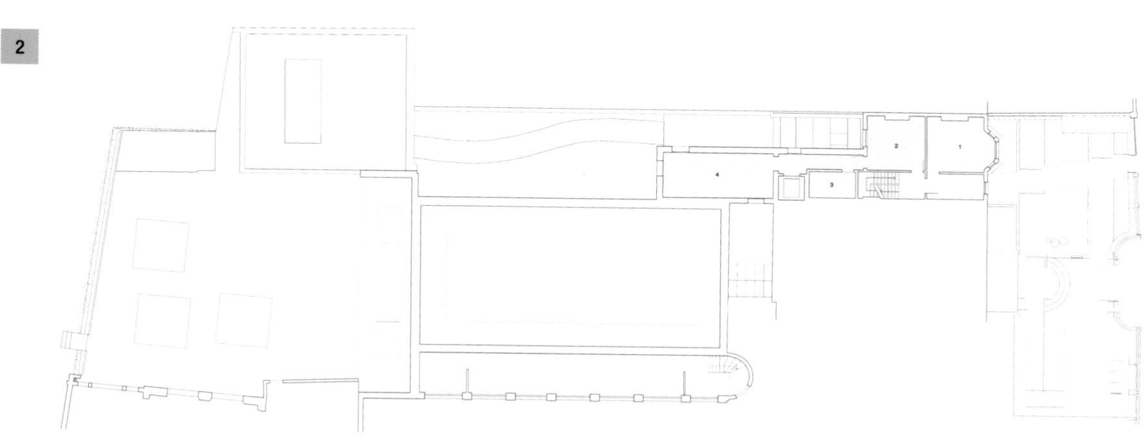

3

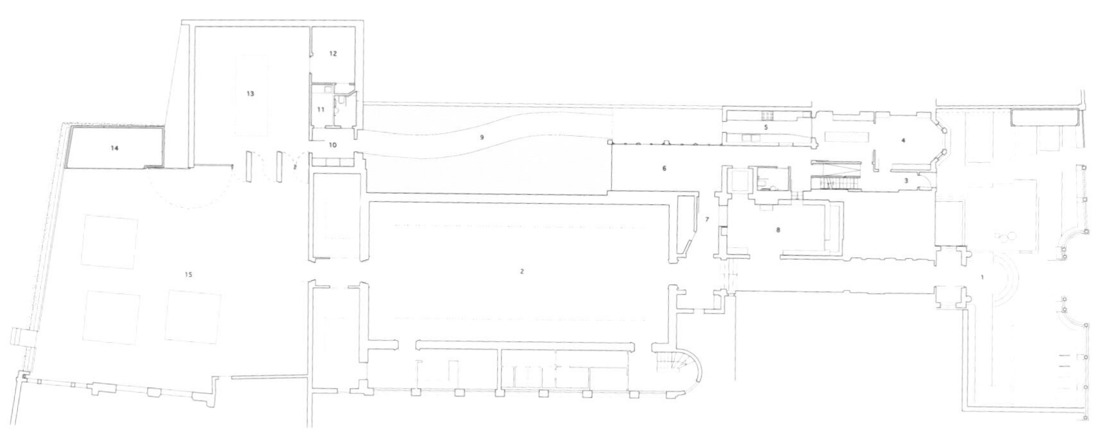

# 细部深化

在工程的这一阶段，图纸将表现出建筑如何被建造。这些图纸会展示大量的规格与数据。虽然其他，甚至是更标准的建造阶段几乎不需要细部注释与图纸，但是这一阶段需要许多细部来说明建造的详细情况。

1

南伦敦画廊（SLG）项目需要保存部分原有材料，因此需要额外注意细节才能将新老建筑的特点衔接起来。建筑的新元素与现存建筑形成了对比，柔软的新材料与旁边厚重的维多利亚红砖相得益彰。

新的克洛尔教育工作坊由质量较轻的木材和钢制框架构成，外部覆盖着轻质面砖，这种面砖很容易与伦敦砖混淆，但却是轻质的现代材料。钢架结构的采光天窗使得光线如水般流入屋内。此外，精心设计的旋转门将花园的围墙在夏天改造成一个开放的区域，软化了内部和外部之间的隔阂，使画廊和花园之间的空间融合在一起。

作为画廊的背景，建筑内部进行了简单处理，如墙壁被漆成了白色，从而有利于反射室内的光线。所有表面都经过慎重设计，使得小规模的内部空间更显轻盈和开放。

2

1. 建筑翻新后的一部分，原来的细部仍清晰可见

2. 新克洛尔教育工作坊，装饰了丹・皮诺舍维奇的艺术品（由南伦敦画廊委托）

## 完工

所有的建筑都需要在项目开始的时候就想像它建成的样子。任何工程有趣的方面就是这些想法如何最终变为现实。即使看过复杂的模型与CAD建模，真实的建筑也总是给人带来惊喜，总是有一些无法预料的现象出现。举个例子，空间中由自然光带来的感觉能够使一个人的情绪发生微妙的变化。室内各个空间的体验与它们之间的联系只有在建筑建成后才能够被感受和理解。决定建筑是否成功的两个决定性因素是：建筑是否符合既定的目标？建筑是否成功地遵循最初的理念？



### 建成的画廊

6a建筑事务所的南伦敦画廊扩建项目取得了巨大的成功。一层的咖啡馆、二层的展览室及三层的艺术家公寓都很好地融入了博物馆的使用中。共三层的扩建项目位于原住宅的后面，其中打造了一个两层高的空间，能够通过新的花园到达后面的画廊，有效地连接了两个建筑。

位于基地后方的克洛尔教育工作坊有着简单大方的体量，其中央是一个灯笼式的天窗。建筑师试图在裸露屋顶结构的房间中营造一种平静和温暖的感觉。与南伦敦画廊中的许多空间一样，简洁的整体空间中总是隐藏着一些惊喜：可以旋转的西墙连通了后花园和室内空间。到了夜晚，墙壁和百叶窗关闭，整个建筑变身为一个抽象的暗箱。

总体来说，南伦敦画廊很好地满足了设计需求，无论是现有的建筑还是全新的空间，都得到了委托人的赞许。方案打造的一系列新空间都是经过反复推敲和慎重考虑的，为的就是让人们能够在其中欣赏精美绝伦的艺术作品。

1. 克洛尔教育工作坊
新教学楼内的旋转墙，连接了建筑的内部空间和外部花园。

# 结束语

建筑无处不在，它建立起了我们工作、生活和生存的空间。建筑并不是单纯指单体建筑物，它还包括这些单体建筑物之间的空间以及这些建筑物所属的城市。建筑结构、生产技术和材料彼此相关。建筑的实体与我们对建筑的期望都处在一个动态的环境中，不断更迭变化。

这本书旨在为大家提供一个了解建筑师思想、构思以及建筑设计方法的窗口。建造一栋建筑，需要具备令人难以置信的视野以及完成很多层面上的共同合作。建筑师对设计新的空间和场所，以及改善现有建筑和场所都同样充满了热情。

一个优秀的建筑创作需要花费设计师大量的创新精神和热情。这个过程很振奋人心，并且这种设计优秀建筑的经历可以不断激励人前进。

1

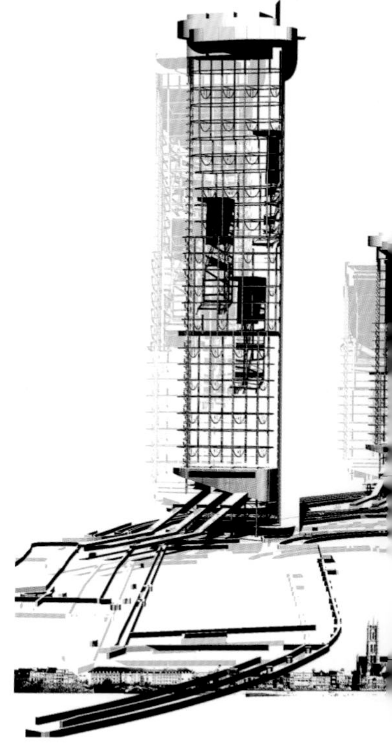

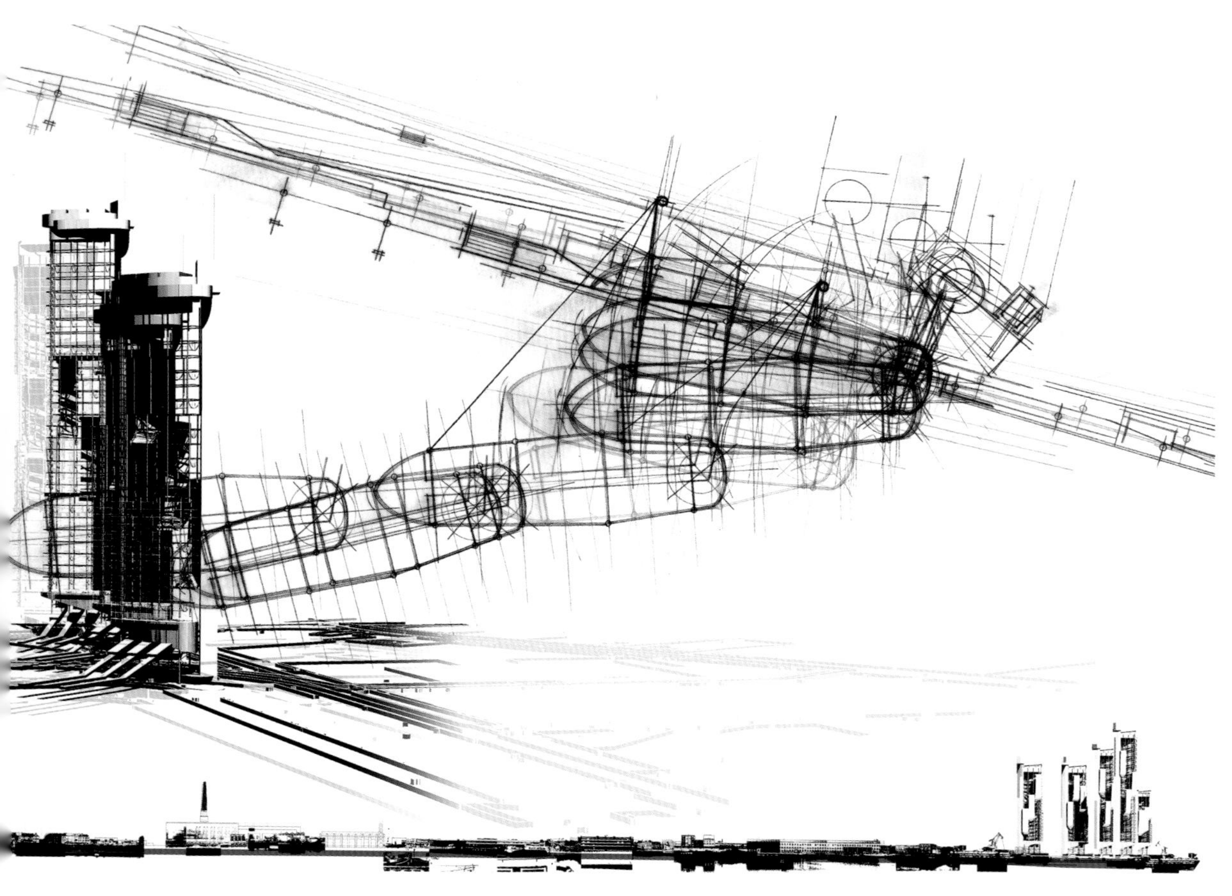



1. 花塔

David Mathias，2002年

这个图像展示了一系列建筑想法与表现。它由电脑模型与徒手画结合在一起创造出来。包括一张平面图、一张透视图和一系列城市地段上的立面图。

# 参考书目


Ambrose, G., Harris, P. and Stone, S. (2007)
The Visual Dictionary of Architecture
AVA Publishing

Anderson, J. (2010)
Basics Architecture 03: Architectural Design
AVA Publishing

Baker, G. (1996)
Design Strategies in Architecture: An Approach to the Analysis of Form
Von Nostrand Reinhold

Ching, F. (2002)
Architectural Graphics
John Wiley & Sons

Ching, F. (1995)
Architecture, Space, Form and Order
Von Nostrand Reinhold

Clark, R. and Pause, M. (1996)
Precedents in Architecture
John Wiley & Sons

Crowe, N. and Laseau, P. (1984)
Visual Notes for Architects and Designers
John Wiley & Sons

Cullen, G. (1994)
Concise Landscape
The Architectural Press

Curtis, W. (1996)
Modern Architecture Since 1900
Phaidon

Deplazes, A. (2005)
Constructing Architecture
Birkhauser

Farrelly, L. (2007)
Basics Architecture 01: Representational Techniques
AVA Publishing

Farrelly, L. (2008)
Basics Architecture 02: Construction + Materiality
AVA Publishing

Fawcett, P. (2003)
Architecture Design Notebook
The Architectural Press

Le Corbusier (1986)
Towards a New Architecture
Architectural Press

Littlefield, D. (2007)
Metric Handbook: Planning and Design Data (Third Edition)
The Architectural Press

Marjanovic, I. and Ray, K.R. (2003)
The Portfolio: An Architectural Press Student's Handbook
The Architectural Press

Porter, T. (2004)
Archispeak
Routledge

Porter, T. (1999)
Selling Architectural Ideas
Spon Press

Rasmussen, S. (1962)
Experiencing Architecture
M.I.T. Press

Richardson, P. (2001)
Big Ideas, Small Buildings
Thames & Hudson

Robbins, E. (1994)
Why Architects Draw
M.I.T. Press

Sharp, D. (1991)
The Illustrated Dictionary of Architects and Architecture
Headline Book Publishing

Unwin, S. (1997)
Analysing Architecture
Routledge

von Meiss, P. (1990)
Elements of Architecture
E & FN Spon Press

Weston, R. (2004)
Materials, Form and Architecture
Laurence King Publishing

Weston, R. (2004)
Plans, Sections and Elevations
Laurence King Publishing

# 网站信息

The American Institute of Architects
www.aia.org
This website has information about the education and practice of architecture in the USA.

archINFORM
www.archinform.net
This database for international architecture, originally emerging from records of interesting building projects from architecture students, has become the largest online database about worldwide architects and buildings from past to present.

Architecture Link
www.architecturelink.org.uk
Architecture Link aims to be the first port of call for all those interested in the subject of architecture and design. Its main objective is to foster public appreciation of architecture and the built environment, and also to provide a means for easily disseminating information on architecture and design.

Getty Images
www.gettyimages.com
This site makes available many images and visuals that can complement architectural presentation ideas.

Google Earth
www.earth.google.com
Google Earth combines satellite imagery and maps to make available the world's geographic information. Maps can be accessed to provide specific information about any site in the world at varying scales.

Great Buildings
www.greatbuildings.com
This is an architecture reference site that provides three-dimensional models, plans and photographic images of hundreds of international architects and their work.

International Union of Architects
www.uia-architectes.org
The UIA is an international non-governmental organisation founded in Lausanne in 1948 to unite architects from all nations throughout the world, regardless of nationality, race, religion or architectural school of thought. The UIA is a unique world network uniting all architects.

Perspectives
www.archfilms.com
A Chicago-based resource, Perspectives produces high-quality videos on architecture and design. It also creates specialized videos and products for tourism planning, development firms, historic preservation agencies, cultural institutions and communities.

Royal Institute of British Architects (RIBA)
www.architecture.com
The RIBA website provides reference information and advice about the practice and training of architects.

SketchUp
www.sketchup.com
SketchUp is a piece of software that quickly creates a three-dimensional model of a building. It is an easy to use, intuitive program that produces models that look like they have just been sketched freehand.

# 词汇表

**非涵构的**
建筑和思想在材料和形式上与城市肌理、历史相冲突，这就是非涵构的。

**拟人的**
指将人性特点或思想应用到动物、自然环境和无生命的物体或形式上。

**遮阳板**
应用于建筑立面上，用来减少阳光进入建筑的装置。

**拼贴**
源于法语词条coller（粘贴），这是一种技术，在18世纪20年代被立体派艺术家，如毕加索等使用。拼贴可以被应用到建筑领域，通过使用别的建筑思想元素或参考文献来生成一个新的建筑方案。

**电脑辅助设计（CAD）**
是特别设计的用来设计和开发建筑并生成建筑表现的电脑软件。

**理念**
它指的是使建筑设计得以发展进行的最初始的想法。好的设计理念可以在建筑项目的最终阶段，通过对建筑的细节、平面和整体的表现清晰呈现。

**涵构**
在建筑语汇中，涵构指建筑的场址和地点。

**图底关系**
图底明确了城市的形态空间结构，组织内外空间的连续建筑实体群营造出城市开放空间。1748年，Nolli提出了这个著名的理论。它让城市空间脱离周围的实体建筑得以单独表达。

**自由平面**
这一理念源于柯布西耶，反映了采用框架结构建筑的观点。这解放了建筑内部空间，使墙在平面内自由布局。

**场所精神**
这个词组指场所的精神或本质，了解场所精神可以对建筑设计有积极作用。

**等级次序**
在建筑设计中，等级次序指空间、理念或形式上的次序。空间可以或多或少地体现在平面或建筑设计中的重要性。通过把空间做大或做小，可以体现它们在建筑中的重要性。

**层次**
层次可以从很多层面上诠释建筑。建筑空间可以从层面上进行设计，使人们从建筑外部空间进入到内部空间时能识别每个空间的层次。现代空间，例如巴塞罗那厅，试图打破内部空间和外部空间的层次。

**隐喻**
建筑的隐喻通常应用于建筑设计的理念阶段。柯布西耶说过："住宅是居住的机器。"一些隐喻常与形式联系在一起，而其他更多的是它的衍生物。

复杂的隐喻，例如理念，是隐晦的而不是字面上的，一个建筑因船只得到灵感，不一定非要把这个建筑造成船形，但是可以引用一些与船有关的材质和局部细节及制造工艺。

**模数**
模数或度量系统是建筑的核心。模数可以是一块砖、一毫米、一只手的长度。它应该是一致的和可识别的。柯布西耶的模数系统使用了几何和人体测量开创了一种成比例的度量系统。

**柱式**
指古典五柱式：塔司干、多立克、爱奥尼克、克斯林、混合柱式。

**总体构图**
指把建筑思想归纳为平面图、立面图、剖面图等图示。这些图的本质是简单，并能说明建筑思想的核心部分。

**底层架空柱**
柯布西耶提出的这个概念，它本是个法语词条，指从地面上升起的支撑建筑的柱子。

### 场所
对于建筑设计而言，场所不仅指建筑的场址和地点，还包括生活的空间。每个地方、场所都有特定的气氛，它不一定指建筑的外部或室内。通过场所的融合，建筑得以超越物质和功能的需要。场所意味着建立场地和地点的可识别性，描述场地的精神和情感。

### 预制
"制造"指在特定的环境下加工物体的过程。"预制"指制造大尺度的建筑部件，然后在建筑场地进行装配。这些建筑部件可以是厨房、卫生间，甚至是房间单元。预制建筑可以快速装配，并且在质量上有保证，然而它需要在装配前进行大量的计算和筹划。

### 漫步
建筑漫步源于柯布西耶。他认为，漫步于建筑空间体量之中，是为了提供一种美学体验，它赋予了建筑思想秩序、轴线和方向。

### 比例
建筑各个组成部分的比例与建筑外观的美观密切相关。比例系统早在古代和文艺复兴时期就开始应用于建筑设计。

### 尺度
尺度指建筑的整体和各构成要素使人产生的感觉，是建筑整体或局部给人的大小印象与其真实尺寸之间的关系问题。尺度一般不指建筑或要素的真实尺寸，而是表达了一种关系以及其给人的感觉。

### 序列视景
在《城市景观》中，戈登·库伦提到通过一系列连续的景象获得穿越空间的动感体验，即可以从运动的人的视角来设计城市。这一理论在设计大型建筑或城市空间时很有用处。

### 使用空间和服务空间
路易斯·康用这个词组来对比建筑中的空间类型。服务空间是功能性的，诸如楼梯、电梯、卫生间、厨房、通风装置、供热系统和走廊。使用空间则指那些有功能的、重要的空间，例如住宅中的起居室、画廊的展示空间，我们能从这些空间中很容易看出其中的等级次序。

### 故事板
这是在电影和卡通动画设计中使用的一种表达故事或连续图像的技术。它让建筑设计师有效地连接起建筑设计中的思想和理念，并让它们在视觉上表达出来，成为一次穿越空间的动感体验。

### 构造
构造与构造学相关。科技在所有的建设和生产中得以应用。

### 入口
起初，进入入口的意思是指进入室内或外部空间，入口承担了从一个空间过渡到另一个空间的角色。通常，这种过渡是从内部空间到外部空间的，但是它也可以用来界定内部空间。按照惯例，入口是可识别的、标志性的，它通常是一段石阶。但是也可以通过改变和强调水平地面材质的方式处理入口。

### 类型学
指的是将建筑的原型、本质进行分类或模仿。将特定类别的建筑分别与形式、功能，或者同时与形式和功能相联系。可按功能和类别大致分为住宅、教育、市政、艺术展馆、博物馆等类型。

### 包装材料
它可以让墙体灵动起来，跳出周围单调的空间。

### 时代精神
按照字面理解的意思是"时代的精神"。它指的是超前的，适用于宽泛的、所有涵盖文化意义的建筑思想。

### 仿生建筑
以生物体形象作为研究对象，并通过这些来促进建筑形体结构和材质方面的设计。

# 图片信息

Cover image: Guangzhou Opera House, China by Zaha Hadid Architects. Copyright of GuoZhongHua and courtesy of Shutterstock.com.

Introduction
Page 7, image 1: Copyright Pawel Pietraszewski and courtesy of Shutterstock.com.
Page 8, image 1: Courtesy and copyright of Jan Derwig / RIBA Library Photographs Collection
Page 8, image 2: Courtesy of David Cau.
Page 9, image 3: Courtesy of David Cau.

Chapter One
Page 11, image 1: Courtesy of Ewan Gibson
Page 13, image 1: Courtesy and copyright of Thomas Reichart; image 2: Copyright of Graham Tomlin and Courtesy of Shutterstock.com.
Page 14, image 1: Courtesy of Jim Collings.
Page 15, image 2: Courtesy of Luke Sutton.
Page 16, image 2: Student group project courtesy of University of Portsmouth School of Architecture; image 3 courtesy of Aaron Fox.
Page 17, image 4: Courtesy of Paul Craven-Bartle
Page 18, image 1: Courtesy of Richard Harrison; image 2 courtesy of Luke Sutton and The Urbanism Studio (Portsmouth School of Architecture), 2011.
Page 19, images 3 & 5 courtesy of Rosemary Sidwell; image 4 courtesy of Luke Sutton, Edward Wheeler and Portsmouth School of Architecture.
Page 21, image 1: Courtesy and copyright of Simon Astridge; image 2 courtesy and copyright of Bernard Tschumi Architects.
Page 22, image 1: Courtesy and copyright of Chris Ryder; image 2 courtesy and copyright of Bernard Tschumi Architects
Page 23, image 3: Courtesy and copyright of Adam Parsons.
Page 25, image 1: Courtesy of Richard Rogers Partnership and copyright Katsuhisa Kida/PHOTOTECA.
Pages 26–29, all images courtesy and copyright of Design Engine Architects.

Chapter Two
Page 33, image 1: Courtesy and copyright of Niall C Bird.
Page 39, image 1: Courtesy and copyright of George Saumarez Smith, ADAM Architecture.
Page 41, image 1: Courtesy of Emma Liddell.
Page 42, image 1: Copyright of Vladimir Badaev and courtesy of Shutterstock.com.
Page 43, image 2 Courtesy of Simon Astridge.
Page 44, image 1 Copyright of Khirman Vladimir and courtesy of Shutterstock.com.
Page 45, image 2: Courtesy and copyright of Niall C Bird.
Page 46, image 1: Courtesy of Martin Pearce.
Page 47, image 2: Copyright of Worakit Sirijinda and courtesy of Shutterstock.com.
Page 48 image 1: Copyright of Andy Linden and courtesy of Shutterstock.com.
Page 49, image 2: Copyright of 1000 Words and courtesy of Shutterstock.com.
Page 51, image 1: Copyright of Pecold and courtesy of Shutterstock.com.
Page 52, image 1: Courtesy and copyright of Niall C. Bird; image 2, Courtesy and copyright of RIBA Library Photographs Collection
Page 53, image 3: Copyright of Miguel(ito) and courtesy of Shutterstock.com.
Page 54, image 1: Le Corbusier, Le Modulor, 1945. Plan FLC 21007. (c) FLC/DACS, 2011. Courtesy of ProLitteris.
Page 55, image 2: Courtesy and copyright of Jan Derwig / RIBA Library Photographs Collection.
Page 56, image 1: Copyright of Ute Zscharnt for David Chipperfield Architects.
Page 57, image 2: Courtesy and copyright of David Chipperfield Architects.
Page 58, image 1: Copyright Stiftung Preussischer Kulturbesitz / David Chipperfield Architects, photographer: Jörg von Bruchhausen
Page 59, image 2: Copyright Stiftung Preussischer Kulturbesitz / David Chipperfield Architects, photographer: Ute Zscharnt
Page 61, image 1: Courtesy of Melissa Royle and Chris Ryder.

Chapter Three
Page 63, image 1: Copyright of Semen Lixodeev and courtesy of Shutterstock.com.
Page 64, image 1: Copyright of Angelo Giampiccolo and courtesy of Shutterstock.com.
Page 65, image 2: Courtesy of Caruso St John Architects LLP. Copyright Héléne Binet.
Page 66, image 1: Copyright of Jody and courtesy of Shutterstock.com.
Page 67, image 2: Courtesy and copyright of RIBA Library Photographs Collection.
Page 68, image 1: Courtesy of Luke Sutton; image 2 courtesy of Philippa Beames.
Page 69, image 3: Courtesy of Roger Tyrell; image 4 copyright of John Kasawa and courtesy of Shutterstock.com.
Page 70, image 1: Copyright of Michael Stokes courtesy of Shutterstock.com.
Page 73, image 2: Courtesy of Martin Pearce.
Page 74, image 1: Courtesy of Simon Astridge; image 2 copyright of Mike Liu and courtesy of Shutterstock.com.
Page 76, image 1: Courtesy and

copyright of David Mathias & Peter Williams.
Page 77, image 2: Copyright of ssguy and courtesy of Shutterstock.com.
Page 79, image 3: Courtesy of Nick Hopper.
Page 81 image 1: Copyright Nito and courtesy of Shutterstock.com; image 2 courtesy of Copyright Godrick and courtesy of Shutterstock.com.
Page 83, image 1: Beddington Zero Energy Development images courtesy and copyright www.zedfactory.com.
Page 85, image 1: Copyright of Carlos Neto and courtesy of Shutterstock.com; image 2, Copyright of fuyu liu and courtesy of Shutterstock.com.
Pages 86–89, section drawing courtesy and copyright of Foster + Partners. All other photographs courtesy and copyright of Nigel Young/ Foster + Partners

Chapter Four
Page 93, image 1: Courtesy of Natasha Butler and Joshua Kievenaar.
Page 95, image 1: Courtesy of Lucy Smith; image 2 courtesy of Charlotte Pollock; image 3courtesy of James Scrace.
Page 96, image 1: Courtesy of Jonathon Newlyn.
Page 97, image 2: Courtesy of Lucy Smith; image 3 courtesy of Ewan Gibson.
Page 98, images 1 and 2: Courtesy of Serpentine Gallery © Peter Zumthor Photography: Walter Herfst.
Page 99, image 4: Courtesy of Colin Graham.
Page 100 image 1 courtesy of Niall Bird; image 2 courtesy of Tim Millard.
Page 101, images 4 and 5: Courtesy of Gavin Berriman.
Page 104, image 1: Courtesy of Stephen James Dryburgh (FM+P); image 2 courtesy of Lucinda Lee Colegate.
Page 105, image 3: Courtesy of Paul Cashin and Simon Drayson; image 4 courtesy of Luke Sutton; image 5 courtesy of Nick Corrie.
Pages 107–109: All images courtesy and copyright of John Pardey Architects. www.johnpardeyarchitects.com
Page 110, image 1: Courtesy of Jo Wickham; image 2 courtesy of Derek Williams
Page 111, image 3: Courtesy of Paul Craven-Bartle.
Page 113, images 1 & 2, Simon Astridge; image 3 courtesy of Jeremy Davies.
Page 115, image 1: Courtesy of Shaun Huddleston (Studio 2); image 2 courtesy of Owen James French; image 3 courtesy of Enrico Cacciatore.
Page 116, image 1: Courtesy of Ewan Gibson.
Page 117, image 2: Courtesy of Lucy Devereux.
Page 118, image 1: Courtesy of David Holden; image 2 courtesy of Luke Sutton.
Page 119, image 3: Courtesy of Claire Potter.
Page 121, image 1: Courtesy and copyright of David Mathias & Peter Williams; image 2 courtesy of Niall Bird.
Page 124, image 1: Courtesy of Luke Sutton.
Page 127, image 3: Courtesy of Nicola Crowson.
Pages 130–133: All images courtesy of Steven Holl Architects. Copyright Andy Ryan.
Page 135, image 1: Courtesy of Melissa Royle and Chris Ryder.

Chapter Five
Page 137, image 1: Courtesy of Zaha Hadid Architects.
Page 138, image 1: Courtesy of Martin Pearce.
Page 139, images 2 and 3: Courtesy of Martin Pearce.
Page 140, images 1 and 2: Courtesy of Martin Pearce.
Page 141, images 3 and 4: Courtesy of Martin Pearce.
Pages 144-145, image 1: Photographs in the Carol M. Highsmith Archive, Library of Congress, Prints and Photographs Division.
Page 146, image 1: Copyright KarSol and courtesy of Shutterstock.com
Page 147, image 1: Copyright fotokik_dot_com and courtesy of Shutterstock.com; images 2 and 3 courtesy and copyright of Aivita Mateika (4AM).
Page 148, image 1: Courtesy of Zaha Hadid Architects. Copyright Christian Richters.
Page 149, image 2: Courtesy of Robin Walker.
Page 151, image 1: Copyright of Simon Detjen Schmidt and courtesy of Shutterstock.com.
Page 153, image 1: Copyright of Daniel Schweinert and courtesy of Shutterstock.com; image 2 copyright of Giancarlo Liguori and courtesy of Shutterstock.com.
Page 154, image 1: Copyright of Jonathan Noden-Wilkinson and courtesy of Shutterstock.com.
Page 155, image 2: Copyright of Cosmin Dragomir and courtesy of Shutterstock.com.
Pages 156–159:All images courtesy of Zaha Hadid Architects.
Page 161, image 1: Courtesy of Melissa Royle and Chris Ryder.

Chapter Six
All images courtesy and copyright of 6a Architects. Photographs on pages 178 and 181 (c) David Grandorge.

Conclusion
Page 183, image 1: Courtesy and copyright of David Mathias

All reasonable attempts have been made to trace, clear and credit the copyright holders of the images reproduced in this book. However, if any credits have been inadvertently omitted, the publisher will endeavour to incorporate amendments in future editions. Unless otherwise cited all images are courtesy of the author and the University of Portsmouth School of Architecture.

# 索　引


6a Architects 162–81

A
acontextual responses 14
Acropolis, Athens 34, 39
Alberti, Leon Battista 43, 43, 54
analytical diagrams 160, 161
analytical sketches 99, 99
Ancient Greece 34, 38–9
Ando, Tadao 66, 67, 67
axonometric drawings 90, 91, 116, 117

B
Barcelona Pavilion 35, 52, 53, 90, 91, 155, 160, 161
Baroque architecture 46–9
Bauhaus movement 35, 144
BedZED 83
Boullée, Étienne-Louis 46, 47
Brasilia, Brazil 153
bricks 58, 59, 64, 64, 65
the brief 170, 171
Brown, Lancelot 'Capability' 49
Brunelleschi, Filippo 34, 42, 43, 43

C
carbon footprint 82
Casa Malaparte, Capri 13
Chartres Cathedral 34, 41
Chateau de Versailles 46, 47, 139, 141
Chicago 50
city context 22, 22–3, 156–9
classical world 38–9, 39, 42–3, 45
clients 168
climate 63, 74, 76
columns 38–9, 39
Computer Aided Design (CAD) 94–5, 95, 101, 120, 121, 134, 135
concept drawings 27
concepts 28–9, 160, 164, 172, 173
conceptual sketches 57, 98
concrete 52, 52, 58, 59, 66, 66–7, 84, 158, 159
construction 62–91
contemporary ideas 136–61
context 10–31, 156–9
contractors 169
contributors to a project 168–9
Crystal Palace, London 35, 50, 51
curtain walls 75

D
David Chipperfield Architects 56–9
De Stijl movement 55, 55
Design Engine Architects Ltd. 26–9, 128
design process 164, 176, 177
detail development 164–5, 178, 178, 179
Dom-ino frame 66, 72, 73
dry-stone walls 68
Duomo, Florence 42, 42, 43

E
Eccleston House 107–9
Egypt 34, 36, 36, 140
Eiffel Tower, Paris 35, 50, 70, 70
electronic portfolios 128–9, 128–9
elements of construction 72–6
elevation drawing 87, 108–9, 110, 110
energy efficiency 82, 83, 84
enfilade planning 141
engineers 169
exploded views 90, 91, 116, 117

F
Farnsworth House, Illinois 144–5
Fibonacci numbers 122–3
figure ground studies 16, 16
five 'orders' 38, 39
form 140, 140
form-driven architecture 146–9
Foster + Partners 7, 71, 77, 81, 81, 86–9, 135, 150
foundations 74, 74
framework construction 72
'free plan' 72, 73
functionalism 142–5

G
gabion walls 68, 68
Gaudi, Antoni 63, 146, 146
Gehry, Frank 146, 147
geometry 138–9, 138–9
glass 52, 52, 53, 66, 71, 71, 74, 75, 77, 81, 84, 85
golden ratio 8, 54, 54, 122, 123
Gothic architecture 40–1, 41

H
Hawksmoor, Nicholas 48
historical tracing of a site 17, 17
history and precedent 32–61
humanism 42–3
hybrids 150

I
innovation 82, 83, 86–9
innovative materials 71, 84, 85
insulation 82, 84
'international' style 152
iron 34, 50–1, 51, 70, 70
Isokon Lawn Road Flats, London 142
isometric drawings 114–15

J
Jones, Inigo 48

K
Kahn, Louis 140, 140
Kidosaki House, Tokyo 67
The Kolumba, Cologne 33

L
La Bibliothèque Nationale, Paris 151
La Sagrada Familia, Barcelona 146, 147
landscape architects 169
landscape context 24, 25
landscape design 49, 49, 169
Laugier, Abbé 36
layout and presentation 122–3
Le Corbusier 54, 54, 66, 72, 73, 139, 141, 143, 144
Le Modulor 54, 54
Ledoux, Claude Nicolas 46, 47
Leonardo da Vinci 36, 54
local materials 41, 82, 84
London Eye 35

M
Madrid Barajas Airport 25
mapping sites 14–17, 30, 31, 164, 174, 175
masonry 64, 64, 65
materials 41, 64–71, 82, 84, 85, 149, 154, 155, 175
MAXXI Museum, Rome 137, 156–9
medieval architecture 40–1, 41
memory of place 20, 21
Michelangelo 44, 45
Mies van der Rhoe, Ludwig 52, 53, 75, 144, 144–5, 155
modelling, physical 118–19, 118–19
modernism 50–5, 142–5, 152
monumentalism 150, 151
Munich Airport Centre 153
Musée du Quai Branly, Paris 73

N
Neolithic structures 37, 37
Neues Museum, Berlin 56–9
New York University 130–3
Niemeyer, Oscar 152, 153

O
observational sketches 100, 100, 101
openings 64, 72, 75
organic architecture 146, 146, 147
orthographic projection 106–11
Oxford Brookes University 26–9

P
Pantheon, Rome 36
paper sizes 122
pavilion, designing a 86–9
Paxton, Sir Joseph 50, 51
Perret, Auguste 66, 67
personal interpretation of a site 15, 15
perspective drawing 34, 101, 112, 113
Phaeno Science Center, Wolfsburg 149
photomontage 95, 95, 134, 135
physical modelling 118–19, 118–19
Piazza del Campidoglio, Rome 44
place and space 20–31
plans 106, 107, 177
Pompidou Centre, Paris 35
portfolios 122, 126–9
The Powers of Ten 102
prefabrication 73, 78, 78, 79
presentation and layout 122–3
project, realization of a 162–81
proportion 138
purism 54, 54
Pyramide du Louvre, Paris 74
pyramids, Giza 34, 36, 36

R
rational building 47–9
realization of a project 162–81
reconstruction project 56–9
Reichstag, Berlin 71, 150
reinforced concrete 66, 67
reinvention 80, 81
Renaissance architecture 42–5
renovation case study 130–3
representation 92–135
retaining walls 68, 74
roofs 76, 76, 77, 81, 84, 88
routes 53, 141, 141, 156

S
Saint Benedict's Chapel, Graubünden 100, 101
Santa Maria del Fiore, Florence 42, 42, 43
scale 102–5
scale maps 30, 31
Scarpa, Carlo 20, 21
Schröder House, Utrecht 8, 9, 35, 55
screens 73, 133
sculpturalism 146–9, 159
SECC Conference Centre, Glasgow 7
section drawing 57, 87, 93, 110, 110, 131, 157, 172–3
serial vision 15
'servant served' concept 140, 140
shuttering for concrete 66
site 12–19
    analysis and mapping 14–17, 30, 31, 164, 174, 175
    location plans 106, 107
    models 119
    surveys 18, 18–19
sketchbooks 101
sketching 45, 96–101, 111, 112, 113, 130, 131
skylines 13, 60, 61
'smart' materials 71, 84
solid construction 72
South London Gallery (SLG) project 162–81
St Paul's Cathedral 48, 48
staircases 58, 58–9, 85, 159, 173
steel 50, 70
Steven Holl Architects 130–3
Stonehenge 34, 37, 37
storyboarding 124–5, 124–5, 127
straw bales 84
structure 72, 73
    reinventing 80, 81
style 154, 155
Sullivan, Louis 50, 142, 143
surveyors 168
surveys, site 18, 18–19
sustainability 82, 83, 84, 86
symmetry 138, 138, 139

T
Tate Modern, London 80, 81
Tatlin, Vladimir 70
three-dimensional images 114–17
timber 69, 69, 82
timeline 36–7
Tschumi, Bernard 21, 23

U
UAE Pavilion, Shanghai 86–9
underground building 74, 74
universal ideas and principles 138–41
urban planning 39

V
van Doesburg, Theo 55
vanishing points 112, 113
Villa Savoye, Paris 72, 141, 143
Vitruvius 36

W
walls 68, 68, 72, 74, 75, 75, 149, 155, 160, 180, 181
windows 72, 75
Wren, Sir Christopher 48, 48

Z
Zaha Hadid Architects 137, 149, 156–9
zeitgeist 152–5
Zumthor, Peter 33, 98, 98, 100

# 致 谢

这本书的完成离不开很多人、机构和团体的帮助和支持。感谢朴茨茅斯大学建筑学院提供的图片、参考文献以及有用的辅助信息。

同时，还要感谢6a建筑事务所为本书第六章提供的项目信息。

通俗易懂的内容叙述对于吸引各个层次的建筑设计者和爱好者来说至关重要。感谢AVA出版社的瑞查·帕金森、卡洛琳·沃姆斯利和布莱恩·莫瑞斯，是他们为我提供了再一次诠释建筑设计的机会。

# 职业道德

琳恩・艾文丝
纳奥米・古尔德

## 出版者寄语

伦理道德是一个古老的话题，但是在视觉艺术领域里，它或许没有受到应该拥有的重视。我们的目标是帮助新一代的学生、教育工作者和从业者，在这个生机勃勃的领域里形成一种思考的方法论。

我们希望这些文章为教育工作者、学生和专业人员在工作和学习中纳入伦理道德意识提供一个思考的平台和一种贯通的方法。我们将通过以下四个部分来进行说明：

简介部分从历史发展的角度和当今的思潮方面，为读者提供一个关于伦理形象易于理解的简短介绍。

基本结构部分从四个方面对道德伦理问题进行了阐释，依据实际提出了一些问题。依据提供的衡量标准对这些问题一一作答，通过对比，你会对自己的道德观有一个更深入的了解。

案例分析部分介绍了一个实际的项目，然后提出了几个伦理道德方面的问题供读者思考。这些仅仅是议论的话题，并不是鉴定分析报告，因此没有确切的答案。

在参考书目部分列举了一系列图书，大家可以选择自己感兴趣的领域进行深入的扩展阅读。

## 简介

伦理道德是一门复杂的学科，它将对个人幸福感的广泛思考与社会责任感交织到一起。它关注同情、忠诚和意志，还有自信、乐观、想像力和幽默感。在古希腊哲学里，我应该做什么是一个最基本的道德伦理问题。我们如何能够追求美好的生活，这不仅仅是由我们的行为对别人产生影响所引发的道德问题，而且是我们自己的个人诚信问题。

在当今社会，在伦理方面最重要也是最具争议的问题就是涉及道德的问题。随着人口的增长、流动性的加剧和人际关系的复杂化，考虑怎样在我们的星球上构建我们共同的家园成为最重要的课题，这并不奇怪。对于视觉艺术家和传播者来说，将这些问题纳入到创作的过程中是一件理所当然的事。

一些伦理问题已经被写进政府的法律政策或者行业法规策略当中。例如，窃取机密的行为会被以犯罪的名义受到惩处。各个国家的立法都规定将残疾人拒之门外的行为是不合法的。在许多国家，交易象牙的行为也是被禁止的。在上面的例子里，什么行为是被人们所接受的，什么是不可接受的，界限是非常明确的。

但是大多数的伦理问题都是存在争议的，无论是对于专家还是法律工作者来说。最终，我们还是要根据自己的人生观和价值观来做出判断。从事慈善事业一定比从事商业活动更具道德吗？创造别人认为丑陋的东西一定是不道德的吗？未必。

那些容易引发其他问题的特殊问题就更加抽象了。例如，只有对人类产生影响的事情才是重要的吗？那么人类又在关心什么问题呢？对自然界的影响就不重要了吗？

如果在前进的道路上一定要牺牲道德，那么证明伦理的因果关系还是合理的吗？伦理问题一定要有惟一的定论吗？（例如，功利主义的观点就是大多数人的行动都是追求最多的幸福感）或许也存在很多不同的道德价值观，把人们引导至不同的方向。

当我们碰到伦理方面的争论，用个人的或者专业的水平去解决这些两难的问题时，我们或许会改变我们的观点，或者我们看待别人的观点。真正值得考验的是，当我们反思这些问题时，我们是否会改变我们的行为方式和思考方式。哲学之父苏格拉底提出的观点是：如果人们知道什么是正确的，他们会本能地朝着好的方向去做。但是这个观点或许让我们去思考另一个问题：我们怎么知道什么才是正确的呢？

**你**

你的道德信仰是什么?

你所做的一切就是你对待周围的人和事的态度。对于某些人来说，他们的道德标准对他们作为一个消费者、投票者或者自由工作者所做的每一个决定起到积极的作用。对于另一些人来说，他们认为道德的作用很微弱，但这并不意味着他们就是不道德的。个人信仰、生活观念、性别，或者教育程度都会影响到你的道德观。

以此衡量，你给自己的定位是什么?你在做决定的时候会考虑什么?把你的答案同你的朋友或者同事比较一下，你会发现有所不同。

**你的委托人**

怎样给自己定位?

无论伦理道德观是否融入到工作当中，你的日常行为准则会体现你的职业道德，工作关系是非常重要的。首先最具影响力的是你决定同谁一起工作。当谈及我们是否要为某些事情划定界限时，我们经常拿烟草公司与武器制造公司来举例子，但这些都是特例。在什么样的道德范围内你会放弃一个赚钱的项目?在生活所迫的情况下你选择的余地会有多大?

以此衡量，你怎样给自己的设计定位?这与你的个人道德观相比又怎样?

**你的详细说明**

你的材料会产生什么样的影响?

最近我们得知很多天然的材料都很短缺。同时，我们强烈意识到我们有许多人工的材料，这些材料会对人体和大自然产生长期的影响。你对你使用的材料了解有多少?你知道它们来源于哪里吗?它们是从什么样的条件下获取的?当你创造的东西不再有使用价值的时候，它们容易循环再利用吗?安全吗?它们会无影无踪地消失吗?考虑这些问题怎么去解决是不是你的责任?

以此作为衡量标准，为你选用的材料是不是符合道德的标准打个分数。

01 02 03 04 05 06 07 08 09 10

**你的作品**

你工作的目的是什么?

如果你和你的同事有着共同的信念，你们创作的目标是什么?你的作品的目的是什么?会对社会产生积极的影响吗?你的工作是不是应该不仅仅停留在商业上的成功和行业里的荣誉上?或许你的作品会挽救生命，或者起到教育意义或保护意义，还可能为别人提供灵感。形式和功能是评判一件作品的重要的两个方面，但是视觉艺术家和传播者在社会责任问题上，或者在解决社会问题和环境问题中所扮演的角色上很少能达成一致的意见。你想成为被认可的设计师，你需要对你的作品负多少责任?责任的终点又在哪里?

以此作为衡量标准，给你工作目的的伦理标准打个分数。

01 02 03 04 05 06 07 08 09 10

建筑设计将引发这样一个道德困境，即如何在尺度的绝对化与材料对环境产生的影响以及建造建筑所需要的能源之间获得平衡。在美国，每年温室气体排放量的一半都由建筑的施工和使用所产生。英国建筑产业所排放的垃圾量是该国日常垃圾量的三倍，并且许多建筑材料被认为是危险的，这种建筑垃圾需要经过特殊处理。

如今，人们在施工展开之前会做大量的设计和分析准备工作，建筑师具有举足轻重的地位，可以实现更少的能源消耗和建材使用。建筑设计的完成需要经过许多步骤，从适宜的选址、建筑材料的选用到室外照明策略等。建筑师需要同城市规划师、房地产开发商和承包商一同工作，但是，建筑师对建筑的建成效果究竟要承担多少责任呢？更具可持续性的建筑究竟是为了回应上述人员的请求才规划设计的？还是需要借助建筑师的影响力和倾向性来改变我们现有的建成环境呢？

在19世纪中叶，美国人的精神疾病由国家出钱治疗，这也推动了公共精神病院建筑的建造。托马斯·司多利·柯克布赖德博士是美国精神医学学会（AMSAII）最初的成员之一。他推动了精神病院建筑以及心理健康治疗的标准化，即著名的“柯克布赖德计划”。第一家精神病院于1847年在新泽西建成。

这座建筑本身便意味着一种治疗效果，并被认为是“关爱精神病人的一种特别设施”。每个建筑都遵循统一的被称为“浅V”的基本平面层，即中心行政建筑两边伸出两个分层病房的侧翼。病房楼层不能太高以让清新的空气可以流动进来，并且需要宽敞的窗户以便采光。重度患者的病房设有单走廊布局，以便于监管和提升安全性。当时，在私人住宅还缺乏中央供暖、煤油和厕所的情况下，柯克布赖德建筑的每个房间均设有煤油灯，行政中心上方设有中央蓄水池，地下室设有锅炉房向上为病房供热。

这种“线性规划”在结构上让患者之间根据性别、病症进行隔离成为了可能。在每个侧翼中，情绪易激动的患者通常被安置在低层病房，距离行政中心也远，理性的患者通常被安置在楼层高的病房内，距离行政中心也更近。把易狂躁的患者隔离开，可以让其他患者感觉更舒适，治疗效果也更好。有研究表明，患者害怕被安排到嘈杂和肮脏的病房。新泽西精神病院同样建在山上，提供了良好的视野，将周围环境尽收眼底，利于患者散步时保持愉悦心情。

这个精神病院原本打算作为增进患者活动的场所，患者可以远离致病因素，并接受心理治疗。精神病患者得到彻底治愈的案例比较少，同时，心理疾病的患病几率也并未减少，这意味着心理健康治疗需要探索不同形式的治疗方法。如今，柯克布赖德建筑已经变成过时治疗方法的代名词。

设计诸如学校或医院之类的公共建筑，比设计诸如酒店或者写字间之类的商业私人建筑更为道德吗?

设计对人实施隔离的建筑不道德吗?

你会为精神病人设计建筑吗?

“在建筑设计中，设计师的骄傲，挑战重力成功，他的权力意志，这一切都取决于可视化形式。建筑设计是一种通过形式来进行雄辩的力量。”

——弗里德里希·尼采

# 参考书目


AIGA
*Design Business and Ethics*
2007, AIGA

Eaton, Marcia Muelder
*Aesthetics and the Good Life*
1989, Associated University Press

Ellison, David
*Ethics and Aesthetics in European Modernist Literature: From the Sublime to the Uncanny*
2001, Cambridge University Press

Fenner, David E W (Ed)
*Ethics and the Arts: An Anthology*
1995, Garland Reference Library of Social Science

Gini, Al and Marcoux, Alexei M
*Case Studies in Business Ethics*
2005, Prentice Hall

McDonough, William and Braungart, Michael
*Cradle to Cradle: Remaking the Way We Make Things*
2002, North Point Press

Papanek, Victor
*Design for the Real World: Making to Measure*
1972, Thames & Hudson

United Nations Global Compact
*The Ten Principles*
www.unglobalcompact.org/AboutTheGC/TheTenPrinciples/index.html